I0478880

Dedicado a mis hijos, Javier y Laura, porque ellos llenan mi universo particular.

INDICE

PRÓLOGO

Resulta inevitable, dando satisfacción a la más loable virtud del ser humano en la búsqueda del conocimiento, observar el mundo que nos rodea y no plantearse quiénes somos, de dónde venimos y hacia dónde vamos. Todos formamos parte de un apasionante y abrumador universo que tratamos de comprender y dominar, unas veces teorizando con un mayor o menor grado filosófico, otras mediante la experimentación con una tecnología cada vez más compleja y precisa. En cualquier caso e independientemente de los éxitos o fracasos de los intentos científicos, se antoja una tarea complicada que siempre nos supera al comprobar que el avance en nuestros conocimientos va acompañada inexorablemente de una mayor conciencia del largo camino por recorrer.

No en pocas ocasiones los medios de comunicación nos muestran logros y avances al respecto. Algunos de ellos contradictorios, pero en todo caso sobre aspectos concretos de la física del universo que, lejos de mostrar un orden único comprensible del estado de las cosas, muestra su bondad en la descripción de unos efectos no observados con anterioridad. Personalmente, creo imprescindible partir de cero en los planteamientos teórico-científicos para alcanzar el objetivo de la consecución de una teoría global y única de la mecánica universal.

A lo largo de este último siglo han surgido diversas teorías y modelos en mayor o menor medida refutadas por la evidencia, aunque a su vez, o bien solemos encontrarnos con contradicciones e incompatibilidades entre ellas por lo que resulta casi imposible complementarlas y configurar una válida para todo, o bien se muestran incompletas a la hora de explicar aspectos fundamentales de la física como es el caso

del origen de la gravedad. Son cuestiones que sólo pueden resolverse si conocemos la dinámica subcuántica de las partículas.
La presente obra revoluciona la visión tradicional de la física universal al plantear una perspectiva novedosa basada en un modelo teórico subcuántico.

Partiendo del dinamismo o mecánica de funcionamiento en el interior de las partículas, y teniendo como herramienta la formulación matemática respaldada por los resultados numéricos, el lector descubrirá una explicación simple y elegante del comportamiento del flujo de energía y la tendencia del cosmos, unificando las dos grandes teorías asumidas como válidas por la comunidad científica; la mecánica cuántica y la Teoría de la Relatividad.

Gracias a las conclusiones obtenidas tras el análisis teórico se podría responder a muchas de las interrogantes de la física actual, como, por ejemplo, la existencia de una única partícula elemental de la cual se componen todas las demás, la existencia de una fuerza de interacción fundamental básica de la cual derivan las restantes, el secreto de la llamada Constante Cosmológica que mencionó Einstein, la definición de la energía y la materia oscura, los valores de las Constantes Universales que intervienen o la conexión matemática con variables y postulados vigentes y comprobados mediante la experimentación y la observación determinando, entre otros temas, la formulación del Cuanto Mínimo de Acción o la ecuación que cuantifica la masa del Bosón de Higgs...

Y todo ello sobre la premisa de dos escenarios dimensionales diferentes y presentes en todo momento y lugar, los cuales interactúan con carácter discreto o cuantizado en el intento inalcanzable del equilibrio absoluto.

Probablemente, tras la lectura de este libro se abra una nueva perspectiva de la física que no dejará indiferente a nadie.

ÁMBITO TEÓRICO

El objetivo de la física teórica es comprender el universo elaborando unos modelos matemáticos y conceptuales de la realidad que se utilizan para explicar y predecir los fenómenos de la naturaleza planteando una teoría física de la realidad. Las teorías ampliamente aceptadas son la base de conocimiento desde el punto de vista experimental y científico y poseen la característica de habitualidad y coherencia con los parámetros establecidos de la ciencia y la observación. No existen teorías que expliquen el origen de los fenómenos que se producen, sino las que se basan únicamente en sus efectos para explicar una amplia variedad de datos. Con el fin de facilitar y poner en situación a lectores menos introducidos en Física de Partículas, a lo largo de la obra haremos referencia a los postulados aceptados como válidos en la actualidad.

*La **mecánica clásica** es la ciencia que estudia las leyes del comportamiento de cuerpos físicos macroscópicos en "reposo" y a velocidades pequeñas comparadas con la velocidad de la luz.*

Existen varias formulaciones diferentes en mecánica clásica para describir un mismo fenómeno natural que, independientemente de los aspectos formales y metodológicos que utilizan, llegan a la misma conclusión.

- *La mecánica vectorial, proviene directamente de las leyes de Newton; por eso también se le conoce como «mecánica newtoniana». Es aplicable a cuerpos que se mueven en relación a un observador a velocidades pequeñas comparadas con la de la luz. Fue construida en un principio* para una sola partícula moviéndose en un campo gravitatorio, basada en dos magnitudes vectoriales bajo una relación causal: la fuerza y la acción de la fuerza, medida por la variación del "momentum" (cantidad de movimiento).

- La mecánica analítica que se considera iniciada en la obra de Leibniz que propone para solucionar los problemas mecánicos magnitudes básicas escalares: la energía cinética y el trabajo.

Los principios básicos de la mecánica clásica son los siguientes:

* El Principio de Hamilton o principio de mínima acción de la que derivan las leyes de Newton.

* La existencia de un tiempo absoluto, cuya medida es igual para cualquier observador con independencia del movimiento.

* El estado de una partícula queda completamente determinado si se conoce su cantidad de movimiento y posición, siendo estas simultáneamente medibles. Indirectamente, este enunciado puede ser reformulado por el principio de causalidad.

Se considera que, aunque la mecánica clásica y en particular la mecánica newtoniana son adecuadas para describir la experiencia diaria, no pueden describir adecuadamente fenómenos electromagnéticos con partículas en rápido movimiento, ni fenómenos físicos microscópicos que suceden a escala atómica.

La mecánica newtoniana o mecánica vectorial es, pues, una formulación específica de la mecánica clásica que estudia el movimiento de partículas y sólidos en un espacio euclídeo *tridimensional. Aunque la teoría es generalizable, la formulación básica de la misma se hace en sistemas de referencia inerciales donde las ecuaciones básicas del movimiento se reducen a las Leyes de Newton.*

La mecánica analítica es una formulación más abstracta y general que permite el uso en igualdad de condiciones de sistemas inerciales o no inerciales sin que, a diferencia de las leyes de Newton, la forma básica de las ecuaciones cambie.

Además contamos con la mecánica relativista, que va más allá de la mecánica clásica y trata con objetos moviéndose a velocidades relativamente cercanos a la velocidad de la luz. En mecánica relativista siguen siendo válidos el principio de mínima acción y el principio de estado determinado, pero no la consideración del tiempo absoluto.

Y paralelamente se desarrollaron por un lado la mecánica cuántica, que trata con sistemas de reducidas dimensiones (de escala atómica), y la teoría cuántica de campos, que trata con sistemas que exhiben propiedades mezcladas. En mecánica cuántica se asume el principio de mínima acción y el supuesto de tiempo absoluto.

*La **teoría de la relatividad** incluye tanto a la teoría de la relatividad especial como la de relatividad general, formuladas por Albert Einstein a principios del siglo XX, que pretendían resolver la incompatibilidad existente entre la mecánica newtoniana y el electromagnetismo.*

La teoría de la relatividad especial, publicada en 1905, trata de la física del movimiento de los cuerpos en ausencia de fuerzas gravitatorias, en el que se hacían compatibles las ecuaciones de Maxwell del electromagnetismo con una reformulación de las leyes del movimiento. La Teoría de la relatividad especial estableció nuevas ecuaciones que facilitan pasar de un sistema de referencia inercial a otro, siendo la fórmula $E=mc^2$ o la paradoja de los gemelos dos de los ejemplos más conocidos.

Surge de la observación de que la velocidad de la luz en el vacío es igual en todos los sistemas de referencia inerciales y de obtener todas las consecuencias del principio de relatividad de Galileo, según el cual cualquier experimento realizado, en un sistema de referencia inercial, se desarrollará de manera idéntica en cualquier otro sistema inercial. La relatividad especial es capaz de manejar marcos de referencia acelerados, algo que no era posible con las teorías anteriores.

La teoría de la relatividad general, publicada en 1915, es una teoría de la gravedad que reemplaza a la gravedad newtoniana al considerarla como la consecuencia de la curvatura del espacio-tiempo y no como una fuerza, aunque coincide numéricamente con ella para campos gravitatorios débiles y "pequeñas" velocidades. La teoría general se reduce a la teoría especial en ausencia de campos gravitatorios.

La **teoría cuántica de campos** es una disciplina de la física que aplica los principios de la mecánica cuántica a los llamados campos continuos como el electromagnético. Una consecuencia inmediata de esta teoría es que el comportamiento cuántico de un campo continuo es equivalente al de un sistema de partículas variante. Su principal aplicación es la física de altas energías, donde se combina con los postulados de la relatividad especial. En este régimen se usa para estudiar las partículas subatómicas y sus interacciones.

A la vista de lo complicado que resulta vislumbrar una teoría completa y única, tal vez lo más conveniente sea, partiendo de la base, plantear una nueva visión científica apoyada, como no podía ser de otra manera, en los dictados que la experimentación nos ha ofrecido hasta la fecha, pero dejando al margen algunas premisas limitantes asumidas actualmente por los físicos como ciertas pero basadas en muestras aisladas o en el encaje teórico requerido para evitar contradicciones; de esta forma lograremos reducir el riesgo de acotar excesivamente el ámbito de estudio.

Por eso, el objetivo de la esta obra es presentar, con argumentos suficientes y desde otra perspectiva, una nueva vía de estudio en la consecución de un modelo del todo en la mecánica física universal, que abarque tanto el ámbito de las partículas como el cosmológico y con unos cimientos lo suficientemente sólidos como para abrir camino al trabajo científico teórico-práctico del futuro, y, al mismo tiempo, hacer partícipes de ella a todas aquellas personas con interés en el mundo de la física.

El colectivo científico se halla en un momento en el que es necesario adoptar un modelo teórico que responda a preguntas fundamentales de la física de partículas y cosmológica en aras de la consecución de una unidad de estudio y avance en la ciencia, rompiendo con la falta de rumbo fijo que solo nos conduce a conclusiones experimentales puntuales sin base sólida única. En definitiva, dar respuesta a preguntas tales como cuál es la fuerza o el escenario dimensional origen de todo y su relación con la llamada "energía oscura"; cuál es la relación entre las Constantes Universales o qué provoca la expansión del universo; cuál es, si fuera el caso, la partícula fundamental y básica de la cual se componen las demás; si existe una fuerza fundamental de la cual derivan las demás; cuál es la Constante Cosmológica que en su día mencionó Einstein; si realmente el dinamismo y la mecánica intrínseca y cíclica de la partícula fundamental, caso de existir, puede "extrapolarse de forma tendencial" al funcionamiento de un agujero negro o al Universo mismo........

Es importante trabajar en el acercamiento hacia esas respuestas con un único modelo directriz que, fijando reglas básicas y por su sencillez de planteamiento basado en el criterio de la proporcionalidad, como acontece en el modelo objeto de esta obra, arroje luz a posteriores estudios.

ÁMBITO CONCEPTUAL

El término Universo proviene del latín "universus" (entero), compuesto de "unus" (uno) y "versus" (en dirección de, girado o convertido), es decir, uno y todo lo que le rodea. Así universo significa el punto donde la totalidad de todas las cosas se unen y giran.

De acuerdo con esta definición podríamos intuir que todo lo que nos rodea parte de una sola manifestación física que necesariamente se muestra omnipresente en todo lugar. Una partícula invisible al ojo humano, pero que lo domina todo. Esta partícula elemental de la cual se componen otras de mayor grado y que es productora de cuantos de energía es el fotón. A diferencia de las teorías físicas vigentes que consideran diversas partículas elementales, nuestro modelo se basa en una sola, cuyo comportamiento de dinamismo energético intrínseco modela a las restantes como neutrones, protones, electrones, neutrinos o la antimateria. El desarrollo de esta teoría se fundamenta en el entorno subcuántico, en lo que acontece en el interior de esta partícula. Un mundo infinitesimal que, visto en su conjunto, marca el rumbo tendencial del universo.

El fotón fue llamado originalmente por Albert Einstein "cuanto de luz". El nombre moderno "fotón" proviene de la palabra griega que significa luz. Esta denominación fue acuñada en 1926 por el fisicoquímico estadounidense Gilbert Newton Lewis y adoptado enseguida por la mayoría de los científicos.

En el siglo XVII, Isaac Newton defendió la teoría de que la luz son partículas. En esos mismos años, Huygens y Hooke apoyaron la hipótesis de que la luz es una onda. Ambas teorías aportaban experimentos que corroboraban el modelo.

La idea de la luz como partícula retornó con el concepto moderno de fotón, que fue desarrollado entre 1905 y 1917 por Albert Einstein apoyándose en trabajos anteriores de Max Planck quien introdujo el concepto de "Cuanto mínimo de acción" al demostrar que la energía se manifiesta en "paquetes" y no de forma contínua.

Hasta la fecha se conoce que es la partícula portadora de todas las formas de radiación electromagnética, incluyendo a los rayos gamma, los rayos X, la luz ultravioleta, la luz visible, la luz infrarroja, las microondas y las ondas de radio. Se considera una partícula sin masa que viaja en el vacío con una velocidad constante (c). Con el modelo teórico que presentamos tendremos ocasión de mostrar que sí tiene masa, muy pequeña, pero la tiene señalando la importancia de su valor en el desarrollo del mismo.

Está demostrado que el fotón presenta tanto propiedades corpusculares como ondulatorias ("dualidad onda-corpúsculo"). Se comporta como una onda en algunos fenómenos como la refracción que tiene lugar en una lente; o como una partícula cuando interacciona con la materia para transferir una cantidad fija de energía.

Para la luz visible, la energía portada por un fotón es de alrededor de 4×10^{-19} Julios; esta energía es suficiente para excitar un ojo y dar lugar a la visión. Además de energía, los fotones llevan también asociada una cantidad de movimiento o momento lineal, y tienen una polarización. Atendiendo a las leyes de la mecánica cuántica significa que a menudo estas propiedades no tienen un valor bien definido para un fotón

15

dado. En su lugar, estamos acostumbrados a que se hable de las probabilidades de que tenga una cierta polarización, posición, o cantidad de movimiento.

Con el modelo de fotón como partícula pueden explicarse observaciones experimentales que no encajan en el modelo ondulatorio clásico de la luz. En particular, describe cómo la energía de la luz depende de la frecuencia (dependencia observada en el efecto fotoeléctrico) y la capacidad de la materia y la radiación electromagnética para permanecer en equilibrio térmico.

El concepto de fotón ha llevado a avances muy importantes en física teórica y experimental, tales como la teoría cuántica de campos o a inventos como el láser.

Según el modelo estándar de física de partículas los fotones son los responsables de producir todos los campos eléctricos y magnéticos; y, a su vez, son el resultado de que las leyes físicas tengan cierta simetría en todos los puntos del espacio-tiempo. Además y por nuestra parte demostraremos que es responsable de todas las manifestaciones de la energía y fuerzas, incluso la gravedad, por tratarse de la partícula que interacciona directamente en primera instancia con el vacío cuántico. Personalmente creo que esta partícula debería adoptar una denominación de contenido más amplio y apropiado que la actual.

El modelo teórico que se presenta establece las siguientes premisas-conclusiones que se abordarán posteriormente:

a)   *La existencia de una única partícula elemental básica que tiene masa (el fotón), cuyo estudio permitirá deducir el resto de las manifestaciones de la energía así como la existencia y funcionamiento de otras partículas mayores.*

b)   *El universo se caracteriza por una simetría de mecánica de funcionamiento no perfecta entre dos escenarios dimensionales diferentes: el vacío cuántico de dos dimensiones (lineal-tiempo) versus el escenario de cuatro dimensiones que observamos diariamente. Su dinamismo intrínseco se caracteriza por ser una continua y superpuesta interacción entre ambos escenarios, manifestada en el universo observable de tres dimensiones espaciales en forma de alternancia tendencialmente superpuesta entre el flujo de energía cuantificada y el lineal del vacío cuántico. Supondría, como consecuencia de su simetría no absoluta de interacción, que resulta imperfecta en el equilibrio de energía entre ambas. Jamás se alcanzará el equilibrio absoluto, lo cual está en correlación con el hecho mismo de la existencia del movimiento y que éste se muestre cuantizado. No existe una realidad continua que conlleve el infinito al observar de forma aislada la mecánica física de los sistemas de referencia dimensional, si bien la propia interacción del conjunto sí constituye un continuo eterno. El único concepto infinito sería la propia existencia de la energía.*

c)   *Inherente a la física universal es la búsqueda permanente del ansiado e inalcanzable equilibrio perfecto. La idea del continuo absoluto y el infinito se muestran como el objetivo inalcanzable de la tendencia universal, finalidad que se explica únicamente mediante el dinamismo y la propia existencia de la energía.*

d)   *El estado físico cuántico (discreto) motiva la existencia del vacío y a la inversa. Esto supone que en el vacío existe una energía equivalente que, junto a la Constante de la Fuerza del Vacío, definen su estatus bidimensional. La energía del vacío, también conocida como energía oscura o, en un principio, como éter, al interaccionar en el interior de la partícula elemental a escalas subcuánticas como comprobaremos, constituye en sí misma una constante universal. Bajo la postura del modelo presentado, es la Constante Cosmológica necesaria y referente en el sistema cíclico universal.*

e)   *La energía entre el vacío y el escenario observable se muestra continuamente e interacciona en ambas direcciones provocando la atracción o la repulsión de la misma dependiendo del nivel de masa de la partícula elemental. Esto conlleva la tendencia hacia la concentración de masa en determinados lugares del universo conformando las estrellas, planetas y galaxias, así como la expansión del universo allí donde la densidad de energía es inferior a un umbral másico. Este aspecto lo abordaremos con el estudio de las partículas pues es un fenómeno que se muestra inconmensurable a nivel global, pero cuyo origen se localiza en la física de partículas.*

f)   *La energía, en cualquiera de sus manifestaciones, se presenta cuantizada para cualquier observador en el escenario conocido de referencia, pero constituye un continuo imperfecto en la interacción con la energía del vacío* por tener ésta última la consideración de Constante Universal.

g)   *El Universo se expande aceleradamente porque nos encontramos en un estatus de concentración de energía en el espacio también acelerado, pudiendo producirse a la inversa en un futuro muy lejano. El "globo" del universo se "infla" cada vez más rápido a la vez que los "puntos de materia" dibujados en él se concentran de forma acelerada en zonas determinadas. Se trataría, pues, de un proceso de tendencia reversible en términos de edad de nuestro universo. Probablemente esta segunda etapa sea más corta temporalmente por el gran dominio de las fuerzas de inmensos agujeros negros fruto de la unión de muchos otros. Agujeros negros cuya estructura de base es igualmente bidimensional.*

h)   *La fuerza gravitatoria, localizada en el centro de gravedad y considerada clásicamente como infinita, en realidad tiene un límite espacial determinado por la "disipación" o absorción de la energía de las partículas que atraviesa y con las que interacciona muy débilmente por lo que los efectos solo pueden ser observados por la tendencia del conjunto. Tiene implicaciones importantes puesto que explica la desviación en los cálculos de las trayectorias de satélites que se alejan del campo de influencia gravitacional y supone que, a escalas cósmicas, sea necesario incluir los efectos en la ecuación de Newton. Por tanto, los efectos de la gravedad en sí mismos no se muestran a la observación a través de ondas de energía convencionales, salvo como* tendencia en el caso observable producido por el desplazamiento o la alteración brusca de grandes cantidades de masa, sino por la interacción de partícula en movimiento en partícula en movimiento mediante variaciones en su masa gravitacional que curvan el espacio euclídeo a su paso.

i)　　La conexión entre ambos escenarios dimensionales, presente en todo lugar a distintos niveles, provoca la curvatura espacio-temporal, es decir, las diferentes densidades de energía en el espacio y el tiempo determinan su curvatura. Esto implicaría que la escala espacio-temporal sería única y la misma para cada cuanto de energía de interacción con el vacío y que la mayor o menor concentración de los mismos supondría el cambio de escala tendencial que provoca la deformación del espacio-tiempo.

j)　　La interacción en el interior de las partículas elementales con el vacío cuántico se muestra en un entorno y con características semejantes a la física de un agujero negro puesto que este modelo teórico se basa en el orden cíclico de sistemas cerrados. Estamos rodeados por un número finito pero inconmensurable de "micro-agujeros", muy difíciles de detectar empíricamente, pero que, en su conjunto bidimensional y tendencial, motiva, da sentido y explica el escenario de cuatro dimensiones que todos observamos .

k)   *Las cuatro Interacciones Fundamentales del Universo, a saber, la Fuerza Fuerte, la Fuerza Débil, la Electromagnética y la Gravitatoria se definen a partir de una única: la Fuerza del Vacío.*

l)   *La interacción de la energía observable con el vacío en un punto del espacio tiene repercusión en la distancia instantáneamente (más rápido que la velocidad de la luz) a través del vacío cuántico. Esto, que en principio parece que contradice la Teoría de la Relatividad, en realidad complementa lo postulado por Einstein, quién en aquellos tiempos ya predijo la existencia de una Constante Cosmológica. Por tanto, esta conclusión es consecuente con la consideración de la energía oscura o del vacío como la Constante Cosmológica. La interacción de una partícula elemental con el vacío en un punto del espacio en un instante determinado supondría una manifestación inmediata en otra partícula a distancia por el principio de causa-efecto sobre un invariante. Para entenderlo mejor supongamos, aunque sea de forma virtual, una barra compuesta de un "algo único" invariante y rígido de cientos de kilómetros de longitud a la que añadimos peso en uno de sus extremos. No sería necesaria la transmisión en el espacio de energía para apreciar instantáneamente los efectos en el otro extremo, más bien la "información" es transmitida instantáneamente en la barra. Incluso sería congruente con la afirmación de que los fotones, viajando a la velocidad de la luz, no se desplazan en el espacio de forma absolutamente recta, e incluso con el hecho de la aparición y desaparición de partículas elementales a través del vacío. El ámbito de la Constante Cosmológica es bidimensional (lineal-tiempo). Los efectos de interacciones discretas sobre esta invariante se corresponderán con otras de igual carácter e inverso.*

m)   *La adopción de un modelo atómico basado en la configuración concéntrica de neutrones y protones que muestra la mecánica de interacción fuerte entre estas partículas. Así como en el hecho de que toda partícula presenta en su dinamismo intrínseco tres estados o manifestaciones de energía diferentes que traen causa en la relevancia relativa entre la masa de la partícula elemental y la fuerza del vacío, actuando la velocidad de la luz y la Constante Gravitatoria como "catalizadores" del sistema cerrado. Para que partículas de rango superior al fotón dispongan de esta característica, necesariamente debe existir una "sincronía" entre las partículas elementales que las componen. El entrelazamiento cuántico sería común en el interior de protones, neutrones, electrones o neutrinos. La energía cinética motiva la existencia de movimiento y la energía del vacío conlleva la transmisión instantánea de información.*

VISUALIZACIÓN GEOMÉTRICA

Para iniciar nuestro estudio, partimos de la representación geométrica del fotón. No en vano, la geometría, como una de las disciplinas más antiguas de la humanidad, parte de "verdades" que se aceptan sin demostración y constituyen postulados que alcanzan carácter de ciencia exacta sobre las figuras. En este caso, la representación geométrica que consideramos del fotón es un poliedro con forma esférica. Veamos sus particularidades.

Imaginemos una esfera no perfecta como la de la figura compuesta por 100.000.000 (10^8) caras planas, cuadradas e iguales, constituyendo cada una de ellas la base de pirámides regulares (cuadrangulares) con vértice en el centro de la esfera. Pues bien, es fácil deducir que con tan elevado número de caras de la bola podemos calcular de forma muy aproximada el volumen de la esfera sumando los volúmenes de las pirámides que la componen. De esta manera podemos definir la esfera como caso límite de una bola compuesta por finísimas pirámides de base cuadrada o, dicho de otra manera, el volumen del conjunto de 100 millones de pirámides

tiende a coincidir con el volumen de la esfera, y la altura de cada pirámide con el radio de una esfera perfecta (aunque nunca alcanzarán a ser iguales).

El motivo de este planteamiento de visualización es encontrar una definición física del fotón considerando como premisa fundamental que la energía "se mueve" de forma cuantizada, discreta, es decir, delimitada en el espacio y en el tiempo. Bajo este supuesto, el fotón sería virtualmente el poliedro que acabamos de describir, mientras que si el movimiento de la energía fuese un continuo de infinitas unidades, su representación geométrica lo constituiría la esfera perfecta.

Ahora supongamos la existencia de una interacción con el vacío con tendencia concéntrica en su interior definida por el conjunto dinámico de una masa $\left(m_f\right)$, la Constante Gravitacional (G) que haría las veces de radio o altura de cada una de las pirámides descritas, la velocidad de la luz (c) y el vacío cuántico. Con esto, el dinamismo intrínseco se mostraría en tres fases con la Energía cinética lineal como protagonista y actuando el vacío como una fuerza dirigida o con tendencia hacia el centro esférico. En nuestro supuesto, la energía y el vacío actuando a tan altas velocidades lineales (c) se muestra como una serie sucesiva de "escalones subcuánticos", definidos por la cifra de 49,98 saltos en la interrelación con el vacío a medida que nos acercamos al centro de la partícula. La siguiente formulación define el salto cuantizado. Como no podía ser de otra manera, al intervenir en ella sólo constantes universales, posee en sí misma tal característica y constituye la piedra angular de nuestro modelo puesto que su interpretación nos da la pista sobre una simetría no absoluta que se muestra *indefinidamente como un bucle de movimiento continuo de energía que interactúa con el vacío.*

$$CxG = 0,0200080032$$

$$\frac{1}{CxG} = 49,98$$

Siendo:

C: Velocidad de la luz (299.792.458 m/s)

G: Constante Gravitación Universal (6,67395148 Nxm2/Kgr2)

Cada salto subcuántico lo definimos:

Nivel 1 $\Leftrightarrow$ $\dfrac{1}{49,98} = 0,020008$

Nivel 2 $\Leftrightarrow$ $\dfrac{(1 - 1x0,020008)}{48,98} = \dfrac{0,979992}{48,98} = 0,020008$

Nivel 3 $\Leftrightarrow$ $\dfrac{(1 - 2x0,020008)}{47,98} = \dfrac{0,959984}{47,98} = 0,020008$

....

Nivel 49,98 $\Leftrightarrow$ $\dfrac{(1 - 49x0,020008)}{49,98 - 49} = \dfrac{0,019608}{0,98} = 0,020008$

En términos generales se rige por la siguiente formulación:

Nivel n $\Leftrightarrow$ $\dfrac{[1 - (n - 1)CxG]}{49,98 - (n - 1)}$

Comparativamente, lo que sucedería en el siguiente nivel, en una situación de simetría absoluta, donde la virtual subcuantización quedase establecida sobre 50 saltos (sucedería supuestamente cuando la simetría y el equilibrio existiesen permanentemente de forma absoluta)

$$Nivel\ 51 \quad \Leftrightarrow \quad \frac{\left(1 - 50x0,020008\ \right)}{50 - 50} = \frac{-0,0004}{0} = -\infty$$

Sin embargo, en nuestro caso tenemos un diferencial de $(50 - 49,98 = 0,02)$, cuya inversa es:

$$\frac{1}{0,02} = 50$$

Considerando que la inversa representa la reacción del vacío al flujo predeterminado, resulta de este dinamismo un continuo cuantizado en la interacción bidireccional de la partícula elemental. Por suerte nuestro universo está compuesto por "paquetes" individualizados de energía que provocan la simetría imperfecta comentada. Gracias a ello existimos. Aplicándolo a cada magnitud conceptual concluimos con el factor de referencia teórica del margen relativo que interacciona con el vacío en los "saltos subcuánticos":

Para la masa de la partícula elemental (fotón)

$$\frac{m_f}{49,98} = 0,15400492611x10^{-17} \Leftrightarrow \frac{m_f}{50} = 0,15394332x10^{-17} \Rightarrow \left[\frac{\frac{m_f}{49,98}}{\frac{m_f}{50}}\right] = 1,00040016$$

26

Siendo m_f la masa del fotón "en reposo" (más adelante concretaremos que su valor es $7,697166211x10^{-17}$).

Y teóricamente para las Constantes Universales

$$\frac{C}{49,98} = 5.998.248,46 \iff \frac{C}{50} = 5.995.849,16 \implies \left[\frac{\frac{C}{49,98}}{\frac{C}{50}}\right] = 1,00040016$$

$$\frac{G}{49,98} = 0,13353244x10^{-11} \iff \frac{G}{50} = 0,133479029x10^{-11} \implies \left[\frac{\frac{G}{49,98}}{\frac{G}{50}}\right] = 1,00040016$$

En general:

$$A_s^{''} = \frac{50}{49,98} = 1,00040016 \quad \left(A_s^{'''} = \frac{1}{2}CG \times 10^2\right)$$

Este flujo de simetría no absoluta conlleva líneas de fuerza cuyo reflejo en la representación geométrica escalonada sería:

$$2 \times 49,98 \times C^2 \times G^2 = 2 \times C \times G = 0,0400160064$$

y, por tanto, el efecto acumulado en el interior de la partícula

$$1,00040016 \times 0,0400160064 = 0,040032019 \ \left(= C^2 G^2 \times 10^2\right)$$

A lo largo de todo el desarrollo matemático de la teoría aparecerán los efectos de esta simetría no absoluta mediante la forma de factores de no igualdad plena (de ajuste).

Por otro lado, estableciendo la relación geométrica entre el volumen y la superficie de una esfera, tenemos:

$$\frac{V}{S} = \frac{\frac{4}{3}\pi R^3}{4\pi R^2} = \frac{1}{3}R$$

Trasladando estos conceptos al poliedro esférico descrito compuesto por 100.000.000 pirámides de base cuadrada, altura o radio G y vértice común en el centro del poliedro esférico, con el fin de encontrar la equivalencia cuantizada en un sistema geométrico cerrado, nos encontramos con la definición de un nuevo concepto que denominaremos "Constante de la Fuerza del vacío":

$$f_\otimes = \frac{Gx10^8}{C}$$

Siendo:

$f_\otimes$: Constante de la fuerza del vacío
C: velocidad de la luz
G: constante gravitacional

Traducido a valores numéricos:

$$f_\otimes = \frac{Gx10^8}{C} = 2{,}2261905868x10^{-11}\, Nm\,/\,Kg^2 seg$$

Como es lógico, la Constante Fuerza del vacío queda expresada en Newton x metro que representan líneas de fuerza que confluyen lo que supone la existencia de un escenario bidimensional con tendencia concéntrica (una dimensión espacial y otra temporal).

Queda así definida una nueva Constante Universal ($f_\otimes$) pero en este caso interviene <u>desde y hacia</u> el vacío cuántico de forma superpuesta, que motiva y justifica el movimiento lineal intrínseco y de traslación (por efecto de la simetría no absoluta) de la partícula elemental: el fotón, y que, como tendremos ocasión de abordar, tiene carácter bidireccional, de atracción o repulsión dependiendo del nivel másico de la partícula, en la interacción entre escenarios dimensionales.

Donde el valor de la Constante de Gravitación Universal (G) la hemos determinado matemáticamente de la siguiente manera:

$$CxG = 0,020008003$$

$$G = \frac{0,020008003}{299.792.458} = 6,67395148x10^{-11}\,Nm^2/Kg^2$$

$$C \times G = \frac{1}{49,98} *$$

*Nota: A lo largo de la exposición de la teoría utilizaremos a conveniencia $\left(\frac{1}{49,98}\right)$ en vez de la expresión $(C \times G)$ por facilitar la comprensión de su formulación.

A raíz de esto, se podrían establecer diferentes formas de expresión relacional entre Constantes Universales:

$$C^2 \times f_\otimes \times 10^{-8} = 0{,}020008003$$

$$\boxed{\frac{1}{C^2} = 49{,}98 \times f_\otimes \times 10^{-8}}$$

Y entre la Constante de la Fuerza del vacío y la Constante gravitatoria:

$$C = \frac{1}{49{,}98G} \quad \Rightarrow \quad \boxed{49{,}98 \times G^2 \times 10^8 = f_\otimes}$$

Observando comparativamente y en términos diferenciales cómo se describe el límite exterior de nuestro poliedro y el de una esfera perfecta (figuras 1, 2 y 3), tenemos la expresión visual parcial de lo que sería el vacío en un instante de tiempo bajo la premisa de inexistencia intrínseca de movimiento (área azul) versus la premisa de existencia intrínseca de movimiento bidireccional (área naranja y amarilla) y superpuesto en sendos escenarios dimensionales.

Á) En el sentido de flujo de energía cuantizada

Figura.1

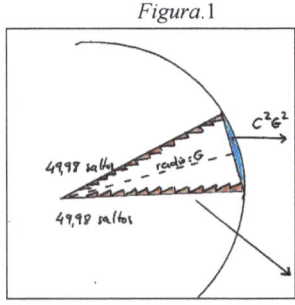

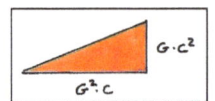

Figura.2

Mostrando gráficamente un plano transversal del poliedro esférico de radio (altura piramidal) igual a la Constante gravitacional y bajo el supuesto de ausencia de movimiento intrínseco, el vacío cuántico quedaría representado por el área color azul. Si otorgamos dinamismo a la partícula elemental y ante la influencia de líneas de fuerza concéntricas, surgen los "saltos subcuánticos" representados por el área color naranja. Con esta definición tenemos:

$Area.azul \approx Area.naranja$

1.- *Cada salto de energía intrínseco se muestra en la figura nº. 2, donde el área del triángulo, cuyos lados en ángulo recto representan* $\left(\dfrac{G}{49,98} = G^2 C \right)$ *y* $\left(\dfrac{C}{49,98} = C^2 G \right)$, *sería sobre el plano*

$$\frac{1}{2} C^3 G^3$$

y tomando en consideración la superficie del conjunto de ellos

$$2 \times 49,98 \times \frac{1}{2} C^3 G^3 = C^2 G^2 \quad \left(Area.azul \approx Area.naranja \right)$$

2.- *Si ampliamos la visualización al ámbito espacial de la pirámide cuadrangular*

$$\boxed{4 \times 49,98^2 \times \frac{1}{2} C^3 G^3 = 2 \times CG}$$

B) *Desde el escenario bidimensional (lineal y temporal) múltiple en el área de color amarillo de la figura 3, podemos considerar la existencia de líneas de fuerza concéntricas asociadas a cada salto de energía subcuántico por lo que cada una de ellas tendría de radio* **G**.

1.- *Sobre el plano geométrico que supone el "corte" transversal de la pirámide cuadrangular (figura 3), el conjunto de líneas de fuerza sería*

$$49,98G = \frac{1}{C}$$

2.- *Y bajo el espacio geométrico piramidal*

$$49,98^2 G = \frac{1}{C^2 G} = v \times 10^{-22}$$

(siendo V el valor de la frecuencia de interacción con el vacío cuántico)

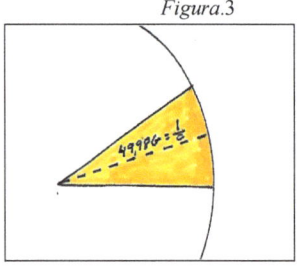

Figura.3

C) *Ambas situaciones dinámicas intrínsecas del fotón se manifiestan al mismo tiempo y, por ello, podemos determinar el efecto simultáneo resultante en el ámbito espacio-temporal*

$$[2 \times CG] \times \left[\frac{1}{C^2 G}\right] = \frac{2}{C} \qquad \Rightarrow \qquad 2 \times A_s^{''} = CG \times 10^2$$

siendo $A_s^{''} = 1,00040016$

Las magnitudes radiales establecidas, pues, en cada sentido opuesto o inverso del dinamismo energético de la partícula elemental son $\left(\frac{1}{C}\right)$ *y* $(G \times 10^8)$. *La manifestación superpuesta de ambas supone*

$$\frac{1}{C} \times G \times 10^8 = f_\otimes$$

Llegados a este punto vamos a considerar, dentro de un sistema de referencia, cuáles son los límites del movimiento en el universo comprobado mediante la observación de la velocidad de la luz (c):

$$\frac{C}{300.000.000} = 0,999308193333 \qquad (siendo\ c=299792458\ m/s)$$

y su correlación en nuestro planteamiento respecto a las fuerzas existentes en dos sistemas cerrados diferentes: uno basado en la idea del continuo (esfera perfecta de radio G) y otro de carácter discreto (poliedro esférico):

$$\frac{\frac{1}{3} x G}{f_\otimes} = 0,999308193333$$

Si tenemos en cuenta una de las leyes físicas universales, la 3ª Ley del Movimiento de Newton, a saber, toda acción conlleva una reacción igual y en sentido contrario en plena sintonía con el principio fundamental de la conservación de la energía, podemos concretar el estado de energía no alcanzada:

$$E_\otimes = 1 - 0{,}999308193333 = 0{,}00069180666667$$

a la que denominaremos "Energía del vacío" ($E_\otimes$) constituyendo igualmente una Constante Universal, considerada por nuestra parte como la Constante Cosmológica que predijo Einstein a tenor del desarrollo teórico del modelo.

LA PARTÍCULA ELEMENTAL

La relación entre la Energía del Vacío ($E_\otimes$) y la Energía del Fotón en su estado fundamental conforman la simetría universal entre los dos escenarios dimensionales de nuestro modelo teórico: el escenario conocido de 4 dimensiones y el escenario de 2 dimensiones del vacío (una espacial y otra temporal) que vamos a estudiar detenidamente por la relevancia de sus implicaciones.

La luz, como todas las radiaciones electromagnéticas, está formada por partículas elementales, pero consideradas por el colectivo científico como desprovistas de masa, cuyas propiedades de acuerdo con la dualidad onda-partícula explican las características de su comportamiento físico. Tendremos ocasión de comprobar que considerar u obviar la masa de la partícula elemental, en la actualidad trae como consecuencia el grado de nuestro conocimiento de la mecánica universal.

Volviendo a nuestra representación geométrica del fotón, la mecánica de funcionamiento de este sistema cerrado nos permitirá deducir, a través del sistema simétrico entre los dos estados dimensionales , la siguiente igualdad que refleja a través del factor A_s su carácter no absoluto:

Para la partícula elemental (fotón) "en reposo"

$$\boxed{E_f x A_s = E_\otimes}$$

siendo:

E_f : Energía de la partícula elemental (fotón) en reposo y en su estado fundamental

$E_\otimes$: Energía del vacío cuántico

A_s : *Factor de simetría no absoluta de transición bidireccional intrínseca*

Gracias a la Teoría de la Relatividad conocemos la equivalencia entre energía y masa de una partícula en reposo según la formulación:

$$E = m \times c^2$$

y además, teniendo en cuenta el vacío cuántico bidimensional:

$$E_\otimes = p_\otimes \times c = (m_\otimes \times c) \times c$$

($m_\otimes$ sería, por conveniencia de planteamiento y equivalencia en la simetría, la masa del fotón en el vacío y $p_\otimes$ la cantidad de movimiento o momento en el mismo, igualmente constante).

sustituyendo en la ecuación inicial:

$$\boxed{m_f \times c^2 \times A_s = p_\otimes \times c}$$

El origen de este valor de asimetría se encuentra en la equivalencia no exacta entre el "momento constante" del vacío bidimensional y el momento intrínseco de la masa de la partícula en el espacio-tiempo. De momento sirva hacer mención de su magnitud

$$A_s = \frac{p_\otimes}{m_f \times c} = 0,00010000287188$$

Indicar que, para simplificar el desarrollo de la teoría en determinados supuestos, vamos a suponer la siguiente equivalencia de valores

$$A_s = 0,00010000287188 \approx 10^{-4}$$

Igualmente para simplificar y no hacer excesivamente tediosa la lectura matemática del modelo, obviamos hacer mención continuamente a las unidades calculadas. Baste decir que la energía se expresa en electronvoltios (eV), la masa en (eV/c2), la velocidad de la luz en (m/s), la frecuencia de radiación en hercios, si bien magnitudes como los factores de ajuste tienen carácter adimensional.

Teniendo en cuenta este "Factor de Ajuste", los valores de energía "en reposo" del fotón en estado fundamental y su masa se deducen:

$$E_f \times A_s = E_\otimes \quad \Longrightarrow \quad E_f = \frac{6,918066667 \times 10^{-4}}{0,000100002871881} = 6,91786799$$

$$E_f = m_f \times c^2 \quad \Longrightarrow \quad m_f = \frac{6,91786799}{299792458^2} = 7,697166207 \times 10^{-17}$$

Y el equivalente en el vacío cuántico:

$$E_\otimes = (m_\otimes \times c) \times c \quad \Longrightarrow \quad p_\otimes = \frac{6,918066667 \times 10^{-4}}{299792458} = 0,02307618648 \times 10^{-10}$$

siendo $m_\otimes = 7,69738726 \times 10^{-21}$, *como ya hemos comentado, lo que por conveniencia explicativa y por equivalencia de simetría, llamaremos masa del vacío, aun cuando es parte de una Constante física y, por ello, invariante.*

Confirma este carácter constante el hecho de que la Energía del vacío pueda ser definida mediante la siguiente ecuación:

$$E_\otimes = 1 - \frac{C}{3} \times 10^{-8} = 6,918066667 \times 10^{-4}$$ *(muestra que nos encontramos ante una Constante Universal.)*

Desde el punto de vista de la geometría, en base a nuestra cuasi-esfera poliédrica (10^8 pirámides concéntricas con radio G igual a su altura), podemos establecer la siguiente igualdad de relación entre energías y fuerzas interdimensionales:

$$\boxed{m_\otimes \times C \times G \times 10^8 = E_\otimes \times f_\otimes}$$

siendo:

$$f_\otimes = \frac{G \times 10^8}{C}$$
$$E_\otimes = E_f \times A_s$$

Sustituyendo

$$m_\otimes \times C \times G \times 10^8 = E_f \times 0,000100002871881 \times \frac{G \times 10^8}{C}$$

Y simplificando, para la partícula elemental en reposo, resulta:

$$\boxed{E_f = m_f \times c^2}$$

Siendo:

* ($m_\otimes = 7,69738726 \times 10^{-21}$) *lo que denominamos por simetría conceptual "masa del vacío cuántico".*

* $E_\otimes = E_f \times A_s = 6,918066667 \times 10^{-4}$ *la relación entre energías interdimensionales.*

*($m_f = 7,697166207 \times 10^{-17}$) *la masa de la partícula en reposo.*

Todo lo argumentado, por tanto, se encuentra en concordancia con la más famosa ecuación física introducida por Albert Einstein en su Teoría de la Relatividad Especial. La partícula elemental dispone de energía y masa propia caracterizada por ser dinámica en sí misma e inseparablemente inherente a una cantidad de movimiento además, como estudiaremos más adelante, de un componente de energía diferencial motivada por la simetría no absoluta del sistema que otorga a la partícula de la herramienta de la fuerza intrínseca necesaria para que se produzca el flujo. La masa del fotón no debe ser despreciada por el hecho de tener un valor insignificante en términos relativos puesto que es base fundamental en la explicación del modelo teórico que presentamos. No en vano, los conceptos energía, masa y movimiento van de la mano y el grado en que estos ingredientes se mezclan e interactúan, determina cada uno de los tres estados de la partícula. Conforme desarrollemos el modelo teórico, tendremos ocasión de asimilar, visualizar, conceptuar y determinar que los estados cuánticos de todas las partículas se resumen en tres. La primera definida por la reversión del flujo de energía desde el vacío cuántico que fija el valor de la masa "en reposo" de las partículas; la segunda caracterizada por la transformación de la masa en energía cinética lineal; hasta alcanzar el tercer estado de nivel mínimo másico de la partícula, concretada como umbral de interacción con el vacío cuántico (tendencialmente hacia el absoluto lineal) y, a partir de la cual, se produce una nueva reversión del flujo en forma de energía-masa, constituyendo un ciclo continuo en el espacio tiempo.

Desde el punto de vista geométrico y conforme al poliedro esférico basado en 10^8 pirámides cuadrangulares que definimos con 49,98 saltos subcuánticos, puede servirnos de ayuda visualizar una de ellas y establecer el espacio comparativo con un prisma rectangular en el que se incluiría la pirámide. El espacio de esta última tiende a ser la tercera parte del volumen del primero.

En física Cuántica conceptuar la energía del fotón como $E_f = h\nu_R$ y, más concretamente como función dependiente de la frecuencia de radiación resulta correcto desde el punto de vista de su interacción con otras partículas y sobre la base del cuanto elemental como piedra angular y mínimo de interacción, es decir, en su consideración corpuscular. La determinación de la constante de Planck (el cuanto mínimo de acción "h") conlleva necesariamente la consideración del dinamismo intrínseco de la partícula, y ésta responde perfectamente a la formulación $E = mc^2$. para su estado en reposo, pero con tendencia a la expresión $E_f = cp_f$ a medida que interacciona con el vacío hasta alcanzar el umbral con nivel mínimo másico. Nos encontramos en la versión ondulatoria de la partícula que incluye el concepto de energía no observada: la energía oscura o del vacío.

Veremos más adelante cuál es el valor de la masa incrementada del fotón teniendo en cuenta su momento intrínseco y la energía fruto de la simetría no absoluta inherente a la propia dinámica.

La ecuación $E = mc^2$. establece la identidad entre la energía y la masa, pero, bajo las premisas de esta teoría, nos

40

atrevemos a dar un paso más allá. Existe "identidad" entre los conceptos de energía y masa en el interior de las partículas gracias a la tendencia unitaria del conjunto de las constantes universales (gravedad cuántica, fuerza del vacío y velocidad de la luz), entendiéndolo como magnitudes que pueden ser relacionadas matemáticamente para obtener un mismo resultado, simplemente porque son diversas manifestaciones con un mismo origen. Cualquier ecuación en la cual aparezcan dos magnitudes ligadas por una Constante Universal puede interpretarse como la identidad entre dichas magnitudes. Es por este motivo que el modelo presentado se ha fundamentado en la capacidad demostrativa de los números, lo que contribuye a su comprensión.

*Así, podemos expresar la Constante de la fuerza del vacío $(f_\otimes)$ en función de la constante gravitatoria (G) y la velocidad de la luz (C):

$$G = 2,99792458 \times f_\otimes \qquad f_\otimes = \frac{G}{C} \times 10^8 \qquad f_\otimes \approx \frac{1}{49,98 \times C^2} \times 10^8$$

*Establecer la relación entre (G) y (c):

$$C \times G = 0,020008003 \qquad \frac{1}{C \times G} = 49,98 \qquad G = \frac{1}{49,98 \times C}$$

y entre la velocidad de la luz y la fuerza del vacío $\frac{1}{C^2} = \frac{f_\otimes}{2 \times A_s^{\cdot\cdot}} \times 10^{-6}$ siendo el factor de ajuste de salto subcuántico en este caso $A_s^{\cdot\cdot} = 1,00040016$

*Establecer la siguiente ecuación de relación de las diferentes constantes universales:

$$a' \times f_\otimes^2 \times C^2 \times 10^{-10} \cong 1$$

$$2,245090797 \times 10^{14} \times (2,22619058 \times 10^{-11})^2 \times 299792458^2 \times 10^{-10} = 0,9999999930 \cong 1$$

(más adelante concretaremos el valor de a´ que define la intensidad de la interacción gravitatoria en el interior de las partículas y cuya expresión es $\dfrac{1}{G^2} \times 10^{-6}$ o también $49,98^2 \times C^2 \times 10^{-6}$). Por lo tanto, otra expresión es:

$$\frac{f_\otimes^2 \times C^2}{G^2} \cong 10^{16} \quad \text{en sintonía con la formulación puesta de}$$

manifiesto con anterioridad.

Es importante asimilar que la ecuación que en mayor medida muestra el papel de las Constantes Universales en la interacción bidireccional de la partícula elemental con el vacío cuántico es:

$$\frac{1}{C} \times 10^6 \xleftrightarrow{\equiv} \frac{f_\otimes}{G} \times 10^{-2}$$

y que la posición de equilibrio a la que tiende toda partícula en su dinamismo intrínseco, si bien sin alcanzarlo absolutamente y previo a la reversión de energía-masa, es aquel en el que la energía de la partícula se manifiesta en cantidad de movimiento o momento:

$$\overline{\overline{E}} \times G = E_\otimes \times f_\otimes \times 10^2 \quad \Leftrightarrow \quad \overline{\overline{E}} \times C \times 10^{-6} = E_\otimes \times 10^4$$

siendo ($\overline{\overline{E}}$) el nivel de energía de la partícula elemental en su estado umbral con el vacío. La magnitud relacional energética entre ambos estados $\left(\overline{\overline{E}} \leftrightarrow E_{\otimes}\right)$, mostrada en cada miembro de la ecuación, se iguala proporcionalmente a la relación entre la constante de la fuerza del vacío y la constante gravitacional $\left(G \leftrightarrow f_{\otimes}\right)$. La partícula en estado de mínima energía subcuántica o umbral-vacío, se caracteriza porque su dinámica supone cantidad de movimiento lineal, como podemos observar en la segunda ecuación.

Pues bien, vamos a calcular cuál es la masa de la partícula en la que acontece la equivalencia de equilibrio-umbral con el vacío cuántico (m_f^L):

$$m_f^L \times c^2 \times G = E_{\otimes} \times f_{\otimes} \times 10^4 \times 10^{-2}$$

$$\frac{m_f^L \times c^2}{E_{\otimes} \times 10^4} = \frac{f_{\otimes}}{G} \times 10^{-2}$$

por lo que ambos requisitos se cumplen para una masa de máximo equilibrio (m_f^L):

$$\frac{m_f^L \times c^2}{E_{\otimes} \times 10^4} = \frac{1}{C} \times 10^6 \quad \Longleftrightarrow \quad \frac{m_f^L \times 299792458^2}{6,918066667} = \frac{1}{299792458} \times 10^6$$

Resultando $m_f^L = 0,2567572018 \times 10^{-18}$ y una energía del fotón $\overline{\overline{E}} = 0,02307618648$ que más adelante, a través de la formulación expresiva del Cuanto mínimo de Acción, tendremos ocasión de confirmar que es la energía y la masa del fotón en el umbral con el vacío cuántico y representa el paso a un estado de manifestación de energía desde un escenario bidimensional en forma de movimiento lineal para posteriormente, con el sometimiento de este momento a una fuerza repulsiva, traducirlo a energía-masa.

También podemos relacionar la masa y sendas Constantes Universales para la partícula elemental, siendo $\left(p_\otimes = 0,02307618 \times 10^{-10}\right)$ y $\left(A_s\right)$ el factor de ajuste por simetría no absoluta:

$$\frac{p_\otimes}{m_f} \times \frac{1}{A_s} = C \quad \Longleftrightarrow \quad \frac{\overline{\overline{E}}}{m_f} \times \frac{1}{A_s} \times 10^{-10} = C \quad \Longleftrightarrow \quad \overline{\overline{E}} = m_f \times c \times A_s \times 10^{10}$$

$$\frac{p_\otimes}{m_f} = \frac{1}{49,98 \times G} \times A_s \quad \Longleftrightarrow \quad \frac{p_\otimes}{m_f} = \frac{G}{f_\otimes} \times A_s \times 10^{10}$$

Definir la energía de la partícula elemental en reposo, en función de diversas constantes:

$$E_f = m_f \times \frac{1}{49,98^2 G^2} \qquad\qquad E_f = m_f \times \frac{G^2}{f_\otimes^2} \times 10^{16}$$

o, como tendremos ocasión de comprobar

$$E = \frac{Fuerza}{a^{\cdot}} \times' C^2$$

* y, en última instancia, establecer los valores numéricos de los "saltos de nivel subcuántico" de la partícula elemental.

1)   Masa

$$\boxed{\frac{m_f}{49,98} = 0,1540049261 \times 10^{-17}}$$

que es equivalente a decir que es el producto de la energía de la partícula en reposo en su estado fundamental por la constante de la Fuerza del Vacío $\left(f_\otimes\right)$,

$$E_f \times f_\otimes \times 10^{-7}$$

o también, el producto de la energía umbral con el vacío $\left(\overline{\overline{E}}\right)$ *por la constante Gravitacional (G) al que le aplicamos el factor por simetría no absoluta*

$$\frac{\overline{\overline{E}} \times G}{A_s} \times 10^{-9}$$

No obstante, como mencionamos anteriormente, en el punto de equilibrio al que tiende el dinamismo intrínseco de la partícula, hacia el vacío cuántico, bidimensional, la energía queda expresada en cantidad de movimiento (de módulo p_f *en estado umbral-vacío).*

$$\boxed{E_\otimes \times 10^4 = \overline{\overline{E}} \times C \times 10^{-6}}$$

$$\boxed{E_f \times f_\otimes \times A_s = \overline{\overline{E}} \times G \times 10^{-2}}$$

$$\boxed{E_f \times A_s = \overline{\overline{E}} \times C \times 10^{-10}}$$

$$\boxed{E_f \times A_s = c \times p_\otimes}$$

$$\boxed{E_f = c \times \frac{p_\otimes}{A_s}}$$

$$\boxed{E_f = c \times p_f}$$

Siendo

$E_\otimes = E \times A_s$

$A_S = 0{,}0001000028718$

$\overline{\overline{E}} = p_\otimes \times 10^{10} = 0{,}02307618648$

$p_f = 0{,}023075523 \times 10^{-6}$ *(momento en el estado umbral con el vacío)*

2) Cantidad movimiento

$$\boxed{\frac{m_f \times c}{49{,}98} = 4{,}616951533 \times 10^{-10}}$$

3) Energía

$$\boxed{\frac{m_f \times c^2}{49{,}98} \times 10^{-4} \times 10^{-8} = 0{,}138412725 \times 10^{-12}}$$

4) Salto Cuántico global

$$\boxed{\frac{m_f \times c^3}{49{,}98} \times 10^{-4} \times 10^{-8} \times 10^{-10} = 4{,}1495091 \times 10^{-15}}$$

A partir de este último valor vamos a deducir la formulación de la Constante de Planck, es decir, el valor del cuanto

46

mínimo de acción o, dicho de otra forma, de interacción con otras partículas.

CONSTANTE DE PLANK

La constante de Planck es una constante física que desempeña un papel central en la teoría de la mecánica cuántica y recibe su nombre de su descubridor, Max Planck, uno de los padres de dicha teoría. Denotada como h, es la constante que se define como el cuanto elemental de acción. La cantidad denominada acción de un proceso físico (el producto de la energía implicada y el tiempo empleado) solo puede tomar valores discretos, es decir, múltiplos enteros de h.

La constante de Planck , representada por la letra h , relaciona la energía E de interacción de los fotones con otras partículas y la frecuencia de la onda según la fórmula:

$$E = h \times v_R$$

Dado que la frecuencia de radiación (v_R), la longitud de onda (λ_R), y la velocidad de la luz (c) cumplen $c = \lambda \times v_R$, la relación de Planck se puede expresar como:

$$E = \frac{h \times c}{\lambda_R}$$

En el año 1901, el físico alemán Max Planck afirmó que sólo era posible describir la radiación del cuerpo negro con una fórmula matemática que correspondiera con las medidas experimentales, si se aceptaba la suposición de que la materia sólo puede tener estados de energía discretos y no continuos. Su valor aproximado aceptado es:

$$h = 6,6260693 \times 10^{-34} \, Js = 4,13566743 \times 10^{-15} \, eVs$$

La constante de Planck es uno de los números más importantes del universo y ha dado lugar a que la mecánica cuántica haya sustituido a la física tradicional. Esta Constante aparece igualmente dentro del enunciado del principio de incertidumbre de Heisenberg que supuso una contribución fundamental al desarrollo de la teoría cuántica. Este principio afirma que es imposible medir simultáneamente de forma precisa la posición y el momento de una partícula.

Se ha asumido que la Física clásica no puede explicar la mecánica de funcionamiento de las partículas subatómicas por que éstas se encuentran sometidas a reglas muy diferentes. Los postulados de la Física clásica nos muestran una descripción normalizada de tendencias, pero resulta imposible que sirvan para predecir el comportamiento de una fracción infinitesimal de esa misma tendencia del conjunto. Pueden existir comportamientos dinámicos en lo microscópico contradictorios al marcado por una tendencia sin que la invalide y a la inversa. No obstante, bajo nuestro punto de vista y en determinados aspectos, la Física de partículas se rige por leyes no divergentes radicalmente a la física clásica, ni bajo la tutela exclusiva de funciones probabilísticas sobre el momento y lugar de las partículas.

La identidad relacional entre la masa de una partícula y su energía requiere una definición de masa y, por ende, de materia. A resultas del desarrollo de esta teoría podemos definir la masa como el estado-efecto de conversión o reversión de la energía-momento intrínseco de máximo equilibrio al que, puntualmente en el espacio-tiempo, tiende y adquiere la partícula elemental en su interrelación con el vacío cuántico. Por su parte, la materia se muestra como el resultado de la tendencia sumatoria y global de la dinámica cuántica. Todos asumimos que la realidad es un concepto *dinámico en sí mismo y, por ello, es al menos comprensible que a lo largo de la historia los físicos teóricos traten de reflejar matemáticamente la idea de movilidad. Pero el precio que debemos pagar es alcanzar conclusiones en términos probabilísticos sobre el momento y la situación de lo muy pequeño, con el añadido de pretender elevar a lo macro las leyes previamente definidas que lo rigen. Tal es el caso del Principio de Incertidumbre de Heisenberg que, si bien cumple con su pretensión de aproximación con alto grado de acierto, no puede alcanzar un carácter reglado sobre el origen de la mecánica universal. En la situación en que nos encontramos la misión de unión de teorías se muestra poco menos que imposible. Si el objetivo es formular una Teoría Unificada sobre el funcionamiento del Universo, consideramos que lo más adecuado es sentar las bases bajo premisas básicas en términos lo más sencillos posible, para que, a partir de ahí, se traten concreciones y singularidades. Al fin y al cabo Einstein dedujo la fórmula más famosa del mundo y que responde a la experimentación muy bien, siendo aceptada por la generalidad de la comunidad científica, en términos simples. $E = mc^2$ es una expresión que se caracteriza por su sencillez, aun cuando la extendiésemos a la versión de partícula en movimiento, y, aunque para concluirla, fuese necesario utilizar conceptos y relaciones complejas y algo más difíciles de entender sobre la relatividad propia de diferentes observadores.*

En el ámbito de nuestra teoría y sobre la base de lo anunciado en términos de geometría, no resulta difícil definir matemáticamente la constante de Planck en función de los saltos subcuánticos de la partícula elemental en su interacción intrínseca con el vacío:

$$h = \left[\frac{E_\otimes \times C}{A_s \times 49,98} \times 10^{-10} - \frac{E_\otimes}{49,98} \right] \times 10^{-8} \times 10^{-4} =$$

$$m_f \times C^2 \times C \times G \left[C \times 10^{-6} - A_s \times 10^4 \right] \times 10^{-16} =$$

$$m_f \times C^3 \times G \left[C \times 10^{-6} - A_s \times 10^4 \right] \times 10^{-16}$$

de forma más comprensible:

$$h = \left[\frac{E_f \times C}{49,98} \times 10^{-10} - \frac{E_\otimes}{49,98} \right] \times 10^{-12} =$$

$$\left[\frac{6,91786799 \times 299792458}{49,98} \times 10^{-10} - \frac{6,918066667}{49,98} \times 10^{-4} \right] \times 10^{-12} =$$

$$\left[0,0041495091 - 0,00001384167 \right] \times 10^{-12} = 4,1356674337210677 \times 10^{-15}$$

A partir de esta formulación podemos determinar la frecuencia de interacción con el vacío (V), teniendo como premisas

$$E_\otimes = E_f \times A_s \qquad \text{y} \qquad C^3 \times G \times 10^{-22} = \lambda$$

....

$$h = \left[\left(m_f \times c \times \lambda \times 10^{12} \right) - \left(m_f \times \lambda \times A_s \times 10^{22} \right) \right] \times 10^{-12}$$

$$\frac{h}{\lambda} = \left(m_f \times c \right) - \left(m_f \times A_s \times 10^{10} \right) \qquad \text{(considerado el módulo del}$$

momento para el fotón)

$$h \times v = m_f \times c^2 - m_f \times c \times A_s \times 10^{10}$$

$$h \times v = E_f - \overline{\overline{E}}$$

$$V = \frac{E_f - \overline{\overline{E}}}{m_f \times C^3 \times G\left[C \times 10^{-6} - A_s \times 10^4\right] \times 10^{-16}}$$

La partícula elemental con nivel de energía tal que su frecuencia de radiación e interacción con otras partículas (v_R) coincida con la frecuencia de interacción intrínseca con el vacío (V), se encontrará en su estado de energía fundamental.

Por otro lado, teniendo en cuenta la Relación de Planck , podemos concretar la ecuación que vincula la frecuencia de interacción con el vacío cuántico y la frecuencia de radiación o de interacción con otras partículas.

$K(E) = h \times v_R$ (frecuencia de radiación-interacción con otras partículas)

Todo lo cual implica que la energía observable (K) de la partícula elemental depende de la frecuencia de radiación, considerando que la propia a la interacción con el vacío es constante $V = \left(\frac{1}{C^2 \times G} \times 10^{22}\right)$

$$K(E) = \frac{E_f - \overline{\overline{E}}}{V} \times v_R$$

En concreto, los valores numéricos son:

$$V = \frac{6,91786799 - 0,02307618}{4,13566743 \times 10^{-15}} = 1,66715335 \times 10^{15} s^{-1}$$

52

$$\lambda = \frac{C}{v} = \frac{299792458}{1,66715335 \times 10^{15}} = 1,79822964 \times 10^{-7} \, mtr$$

($\lambda_R = \lambda$ se encuadraría dentro de la banda del espectro electromagnético ultravioleta de vacío)

Es importante resaltar que nos encontramos en el ámbito del dinamismo subcuántico, que establece la magnitud del cuánto de acción (h), por lo que tratamos de desvelar qué variables y de qué forma se produce su intervención en esta mecánica física intrínseca. Por ello, conviene no confundir frecuencia y longitud de onda de interacción con el vacío cuántico con la frecuencia o longitud de onda de radiación o interacción con otras partículas. Y por tanto, el ámbito de nuestro estudio se circunscribe, entre otras cosas, a la determinación del cuanto elemental que, descrito como "paquete mínimo de energía", interacciona con otras partículas. El grado de radiación es el que suscribe la existencia de la luz visible, los rayos X, el efecto fotoeléctrico y otros muchos efectos observables.

La frecuencia y la longitud de onda de interacción con el vacío permanece, pues, inalterable a medida que, a través de los saltos subcuánticos de acercamiento al vacío concéntrico, la partícula ve reducida su masa. Y si sucede esto, considerando que la frecuencia de radiación determina la magnitud de la energía observable del fotón, la consecuencia es la curvatura espacio-temporal en el interior de la partícula. El grado de distorsión vendría determinada por la relación

Por tanto, supone mayor distorsión intrínseca en el espacio-tiempo cuanto mayor sea la energía de la partícula elemental.

Todo esto hace tomar en consideración, contribuyendo a despejar algunas incógnitas de carácter astronómico, la posibilidad de existencia de partículas elementales con nivel másico establecido para el umbral con el vacío cuántico, y, por extensión, que la inmensidad del espacio se encuentre dominada por aquellas con masa inferior a la referenciada. Si cumple con la ecuación de equilibrio podría ser posible. Este modelo teórico muestra cómo en el interior de la partícula elemental universal surge una mecánica subcuántica de interacción con el vacío en 49,98 "saltos" que modifica el estado másico de la partícula reduciéndola a medida que el dinamismo sufre una adaptación al escenario bidimensional y en todo momento de acuerdo con la formulación de Equilibrio Universal.

La teoría actualmente aceptada muestra que en el espacio, los fotones se mueven a la velocidad de la luz (c), y su energía y momento lineal están relacionados mediante la expresión $E = cp$, donde "p" es el módulo del momento lineal. Por tanto, se considera al fotón como una partícula sin masa. Lo cual, para nosotros, es un planteamiento aceptable para explicar determinados fenómenos físicos pero no completo puesto que su sentido no radica en el hecho de ser una partícula con masa despreciable, sino más bien en el dinamismo intrínseco del fotón que tratamos de desvelar por otorgarle masa y en los efectos eminentemente lineales del vacío cuántico. Es más, a nuestro modo de ver, se podría intuir que nuestro universo observable de 4 dimensiones debe su existencia al inconmensurable conjunto de efectos *lineales del vacío cuántico. La versión corpuscular de la partícula elemental se define por la siguiente ecuación:*

$$K(E) = E_f - \overline{\overline{E}} = \left(m_f - m_f^L\right) \times c^2 = \left(7{,}697166207 \times 10^{-17} - 0{,}2567572018 \times 10^{-18}\right) \times c^2$$

Por su parte, el cálculo energético del fotón en base al "momento" se define como:

$$K(E) = cp = 299792458 \times 0{,}02299855 \times 10^{-6}$$

Ambas ecuaciones determinan el valor de la energía observable de la partícula en estado fundamental ($v_R = v$)

Conforme a lo aceptado actualmente y adentrándonos en la formulación de Planck, la energía y el momento lineal de un fotón dependen únicamente de su frecuencia v_R o, lo que es equivalente, de su longitud de onda λ_R.

$$E = h v_R = \frac{hc}{\lambda_R}$$

y en consecuencia el módulo del momento lineal es:

$$p = \overline{h}k = \frac{h}{\lambda_R} = \frac{h v_R}{c}$$

Siendo

$\overline{h} = \dfrac{h}{2\pi}$ *constante de Dirac o constante reducida de Planck;*

k es el vector de onda (de módulo $k = \dfrac{2\pi}{\lambda_R}$) que apunta en la dirección de propagación del fotón

Tiene además momento angular de espín que no depende de la frecuencia. El módulo de tal espín es $\sqrt{2}\hbar$, y la componente medida a lo largo de su dirección de movimiento, su helicidad, tiene que ser $\pm\hbar$. Estos dos posibles valores corresponden a los dos posibles estados de polarización circular del fotón (en sentido horario o antihorario). Este es el planteamiento actual que explica la dependencia del nivel de energía en la obtención del espectro electromagnético ya que el fotón, en su objetivo de mantenimiento del nivel de masa de estabilidad (necesaria para su dinamismo intrínseco), manifestará su nivel de energía en función de su frecuencia de propagación, extendiéndose desde la radiación con menor longitud de onda como los rayos gamma y los rayos x, pasando por la luz ultravioleta, la luz visible y los infrarrojos, hasta las ondas electromagnéticas de mayor longitud de onda como las ondas de radio.

Sin embargo, este argumento debe completarse y corregirse planteando el concepto de frecuencia a la interacción con el vacío cuántico, establecido no ya como consecuencia de una helicidad del fotón (helicidad que suponemos sí se produce en partículas superiores compuestas de fotones al contar éstos con un momento lineal de desplazamiento), sino atendiendo a los efectos de la fuerza del vacío como vectores concéntricos en el fotón, así como la posibilidad de la existencia de partículas elementales con masa en reposo inferior a $(7,697166207\times10^{-17})$. Por tanto, la explicación se fundamenta en la hipótesis de la existencia de partículas elementales con masa (m_f) en reposo tal que

$$7,697166207\times10^{-17} \equiv m_f \rightarrow m_f^L \equiv 0,2567572018\times10^{-18}$$

por cumplir con la ecuación de equilibrio universal; al igual que en la hipótesis de la existencia intrínseca en las *partículas elementales de subcuantos de interacción con el vacío. En nuestra opinión, la denominada materia oscura del Universo se conforma por este tipo de partículas (nivel másico correspondiente al umbral con el vacío) entrando en escena la denominada energía oscura en el nivel inferior al umbral, provocando la expansión del mismo en lugares donde no sufren interacción por efecto de la gravedad y ven incrementada su masa gravitatoria gracias a su radiación no convencional.*

Lo comentado hasta el momento parece indicar que esta partícula elemental básica dirige la energía cinética lineal hacia el centro esférico y, en el proceso, dicha energía interacciona con el vacío, manteniendo la equivalencia que ya hemos fundamentado:

$$E_f \times \frac{G}{C} \times 10^6 \approx E_\otimes \times f_\otimes \times 10^2 \qquad considerando \left(10^4 \approx \frac{1}{A_s}\right)$$

Para lo cual y por motivo del mismo, el sistema requiere el paso del espacio-tiempo cuatridimensional a otro de dos dimensiones (lineal-temporal) y supone, en la simetría imperfecta que lo caracteriza, que parte de la energía-masa de las partículas sea convertida en cantidad de movimiento lineal en su interacción con el vacío. Ahora bien, a raíz de esto podríamos preguntarnos: ¿Realmente el proceso de transición entre los dos escenarios dimensionales podría ser en ambos sentidos?

El planteamiento sería el siguiente. Reformulemos la ecuación que determina la Constante de Planck incorporando una variable que nos permita concretar la existencia de un umbral de reversión. O dicho de otra manera, qué valor debe tener esta variable energética (k(E)) incorporada a la ecuación para que resulte un valor "h" con tendencia a cero:

$$\overline{\overline{h}} \approx 0 \approx \left[\frac{(E_f - k) \times C}{49,98} \times 10^{-10} - \frac{E_\oplus}{49,98} \right] \times 10^{-12} =$$

$$= \left[\frac{E_f \times C}{49,98} \times 10^{-10} - \frac{k \times C}{49,98} \times 10^{-10} - \frac{E_\oplus}{49,98} \right] \times 10^{-12} =$$

$$= \left[\frac{E_f \times C}{49,98} \times 10^{-10} - \frac{E_\oplus}{49,98} \right] \times 10^{-12} - \frac{k \times C}{49,98} \times 10^{-22} =$$

$$= h - \left[\frac{k \times C}{49,98} \times 10^{-22} \right]$$

$$h = 4,13566743 \times 10^{-15} = C^2 \times G \times k \times 10^{-22} \iff \boxed{k(E) = 6,89479181} \quad \left(= E_f - \overline{E} \right)$$

Que constituye la Energía observable de la partícula elemental en su estado base y cuya masa asociada es:

$$\boxed{m(observable) = \frac{K(E)}{c^2} = 7,671490494 \times 10^{-17}\, ev/c^2}$$

En concordancia con lo postulado por Planck e igualmente deducido mediante el presente modelo teórico.

$$\left(\frac{1}{C^2 \times G} \times 10^{22} = v \right)$$

$$k(Energía\,observable * estado\,fundamental) = h \times v_R$$

La frecuencia previamente calculada y que, como comprobaremos, tiene su origen en la inversa del factor determinante de la cantidad de movimiento y es referencia al tratar sobre los neutrinos es:

$$v_R = \frac{K(E)}{h} = \frac{6{,}89479181}{4{,}13566743 \times 10^{-15}} = 1{,}66715335 \times 10^{15} \quad \Rightarrow \quad (v = v_R)$$

$$m_f \times \left[1 + \frac{c}{49{,}98} \times 10^{-9} \right] \quad \rightarrow \quad \frac{c}{49{,}98} \times 10^{-9} = 0{,}005998248 \quad \rightarrow \quad \frac{49{,}98}{c} \times 10^{22} = v$$

Y la longitud de onda asociada a ella es:

$$\lambda = C^3 \times G \times 10^{-22} = \frac{C^2}{49{,}98} \times 10^{-22} \qquad\qquad \lambda = 1{,}79822964 \times 10^{-7}$$

Por tanto, al quedar definida la disminución de la energía (masa) de la partícula elemental necesaria para que se produzca la reversión del flujo de energía intrínseco, también sabremos cuál es el nivel energético de la partícula en el status-umbral con el vacío.(deducida con anterioridad)

$$\overline{\overline{E}} = E_f - k(E) = 6{,}91786799 - 6{,}89479181 = 0{,}02307618$$

y la masa mínima que ya hemos tratado, correspondiente a ese nivel base de energía:

$$\overline{\overline{E}} = m_f^L \times c^2 \quad \Rightarrow \quad m_f^L = \frac{0{,}02307618}{299792458^2} = 0{,}2567571297 \times 10^{-18}$$

Sustituyendo en la formulación que determina el "cuanto de acción", en el estado umbral-vacío, podemos comprobar que el equivalente subcuántico tiende a ser nulo:

$$h(umbral) = \left[\frac{0{,}02307618648 \times C}{49{,}98} \times 10^{-10} - \frac{6{,}918066667 \times 10^{-4}}{49{,}98} \right] \times 10^{-12} \approx cero$$

Ponemos equivalente a cero y no igual a cero, puesto que aceptar este último extremo tendría como resultado una simetría absoluta incongruente con la realidad que muestra que la energía se manifiesta de forma discreta. En este sentido, el modelo teórico presentado podría ser la respuesta a la tan ansiada como infructuosa búsqueda de unificación de las dos grandes teorías del siglo XX (Teoría de la Relatividad y Teoría Cuántica) que siempre se topaba con el concepto del infinito matemático. El dinamismo universal no es unidireccional en el interior de la partícula elemental, sino en dos direcciones inversamente proporcionales que presentan una simetría no perfecta y en el que se demuestra que no es necesario mayor masa para justificar la existencia de enormes intensidades en la fuerza que actúa.

Volviendo al desarrollo teórico, en todo caso, el valor energético de la partícula en estado umbral-vacío calculado, coincide con el momento lineal ($p_{\otimes}$) en el vacío, elevado exponencialmente a la diez.

Relación ente escenarios dimensionales en términos comparativos

Determinando los valores numéricos de los "saltos de nivel subcuántico" de la partícula elemental con nivel másico umbral con el vacío:

1)   Masa

$$\frac{m_f^L}{49,98} = 5,13719888 \times 10^{-21}$$

que es equivalente a decir que es el producto de la energía umbral con el vacío por la constante de la Fuerza del Vacío

$$\overline{\overline{E}} \times f_\otimes \times 10^{-8}$$

Y partiendo de la ecuación de equilibrio en el estado umbral-vacío, observamos las consecuencias cíclicas del dinamismo intrínseco

$$E_f \times f_\otimes \times A_s = \overline{\overline{E}} \times G \times 10^{-2}$$

En el estado energético umbral con el vacío cuántico $\left(E_f = \overline{\overline{E}}\right)$

$$\boxed{\overline{\overline{E}} \times f_\otimes \times 10^{-8} = m_\otimes \times G \times 10^{10}}$$

se produce una reversión de la energía cinética lineal hacia una energía-masa mediante una fuerza del vacío de reversión limitada al ámbito intrínseco de la partícula que une el círculo dinámico cerrado en su interior.

2) Cantidad movimiento

$$\boxed{\frac{m_f^L \times c}{49,98} = 0,1540093179 \times 10^{-11}}$$

3) Energía

$$\boxed{\frac{m_f^L \times c^2}{49,98} \times 10^{-4} \times 10^{-8} = 4,617083198 \times 10^{-16}}$$

4)   Salto Cuántico global

$$\frac{m_f^L \times c^3}{49,98} \times 10^{-4} \times 10^{-8} \times 10^{-10} = 0,01384167 \times 10^{-15}$$

Estos datos podemos compararlos con los propios de la partícula elemental con nivel fundamental de masa en reposo , y sacar conclusiones sobre el dinamismo de la energía intrínseca de la partícula. De forma resumida, el fotón en su mecánica de funcionamiento disminuye su masa a favor de una energía cinética que genera cantidad de movimiento por su interacción con el vacío cuántico hasta que topa con el mínimo umbral másico a partir del cual se produce una reversión de carácter expansivo que devuelve a la partícula su estado original de masa. La relación comparativa entre valores de salto subcuántico entre ambos estados másicos de la partícula es:

$$\frac{C \times 10^{-6}}{A_s \times 10^4} = \frac{C}{A_s} \times 10^{-10} = \frac{299792458}{0,0001000028718} \times 10^{-10} = 299,783848$$

que aplicado a la masa de la partícula elemental, es decir, en términos proporcionales sobre el cuanto mínimo de acción (h):

$$\frac{4,1495091 \times 10^{-15}}{4,1495091 \times 10^{-15} - 4,13566743 \times 10^{-15}} = \frac{4,1495091 \times 10^{-15}}{0,01384167 \times 10^{-15}} = 299,783848$$

El carácter revertido del flujo de energía, por tanto, se muestra mediante la siguiente formulación:

$$\overline{\overline{E}} \times f_{\otimes} = \frac{m_f^L}{49,98} \times 10^8$$

que relacionada con la energía-masa umbral inversa
($\dfrac{1}{2 \times m_f^L}$):

$$\frac{\overline{\overline{E}} \times f_{\otimes}}{2 \times m_f^L} \times 10^{-6} = 1,00040016$$

Desde nuestro punto de vista, la fuerza del vacío repulsiva o expansiva es la que otorga sentido al movimiento universal al constituirse como tendencia en un inmenso conjunto de momentos.

Lo cual cumple con los términos de la ecuación de equilibrio universal:

$$\overline{\overline{E}} \times f_{\otimes} \times 10^{-6} = G \times m_{\otimes} \times 10^{12} \quad y\ sabiendo\ que \quad f_{\otimes} = \frac{G}{C} \times 10^8$$

$$\overline{\overline{E}} \times 10^{-6} = m_{\otimes} \times c \times 10^4 = p_{\otimes} \times 10^4 \quad \Leftrightarrow \quad p_{\otimes} = \overline{\overline{E}} \times 10^{-10}$$

El propio carácter discreto del flujo de energía y su simetría no absoluta demuestra que la trayectoria del fotón en su viaje por el espacio no sea perfectamente recta, algo que ya predijo la teoría de la relatividad general al mencionar que los fotones tienen trayectorias complicadas y no viajan en línea recta, ya que el espacio-tiempo en presencia de materia tiene curvatura no nula.

Las ecuaciones de De Broglie Einstein de 1923 y 1924 utilizaron el concepto de la masa fotónica para unir a la teoría de Planck del fotón como cuanto de energía con la teoría de la relatividad restringida. Louis de Broglie cuantizó el momento fotónico, generando el concepto de dualismo onda-partícula. Sus trabajos de 1923 y 1924 condujeron directamente a la ecuación de Schroedinger. Recientemente se ha demostrado que la masa fotónica es la responsable de la desviación de la luz y la demora de tiempo por causa de la gravitación. El hecho es que una masa fotónica mayor a cero contradice el modelo actualmente establecido de la física. La ecuación de Proca de 1934 para una masa fotónica finita no es invariante gauge, con lo cual queda implícito que el empleo de una simetría de sector U(1) y el mecanismo de Higgs son inconsistentes con una masa fotónica no nula.

Evidentemente el concepto de fotón estático, sin movimiento, es un imposible. Precisamente por ello, porque precisa de cantidad de movimiento, y éste se explica y surge de la dinámica intrínseca de la partícula, resulta rigurosamente cierto una masa positiva.

En este modelo teórico, el fotón es la partícula elemental básica con masa, no despreciable por sus implicaciones de interacción y donde nuestra definición de energía del vacío ($E_\otimes$) revertida en el estado umbral coincide con la diez mil millonésima parte de la energía umbral del fotón que provoca la interacción en un único sentido expansivo cuántico (radio $\dfrac{1}{C}$ del poliedro esférico).

$$E_\otimes = p_\otimes \times c$$

$$p_\otimes = \frac{6,918066667 \times 10^{-4}}{299792458} = 0,02307618648 \times 10^{-10}$$

$$p_\otimes = m_\otimes \times c \quad \Rightarrow \quad m_\otimes = \frac{0,02307618648 \times 10^{-10}}{299792458} = 7,69738726 \times 10^{-21}$$

$$\boxed{p_\otimes = \overline{\overline{E}} \times 10^{-10}} \quad \Leftrightarrow \quad \boxed{E_\otimes \times \frac{1}{C} = \overline{\overline{E}} \times 10^{-10}}$$

Implica que la energía de la partícula elemental en el umbral con el vacío cuántico es igualmente una constante $(\overline{\overline{E}})$. Una reducción adicional de la masa de la partícula supone el "colapso" que provoca la reversión por el principio de la conservación de la energía.

Por otra parte, una variable relevante es la energía cinética-masa de reversión desde el vacío establecida como el doble de la inversa del flujo de energía subcuántica dirigido al mismo para la partícula en reposo:

$$\vec{E}_l = \frac{2 \times 49,98}{E_f} \times 10^{-6} = \frac{2}{m_f \times c} \times v \times 10^{-28} = 0,000014449538$$

Este concepto y magnitud guarda relación inversa con el Factor de Transformación de Lorenz $\left(\dfrac{1}{\gamma}\right)$ en el sistema de referencia del interior de las partículas caracterizado por encontrarnos en una posición relativista $(u \approx c)$. Este término aparece frecuentemente en las ecuaciones de la teoría de la Relatividad. Específicamente, en los cálculos de dilatación del tiempo, contracción de longitudes, o en las expresiones relativistas de la energía cinética y el momento lineal. Su formulación establecida es:

$$\gamma = \frac{1}{\sqrt{1-\dfrac{u^2}{c^2}}}$$ siendo "u" la velocidad de una partícula medida

en un sistema de referencia inercial

Volveremos a ello cuando estudiemos el dinamismo del electrón y del núcleo del átomo.

Por tanto y, al igual que existe un factor de ajuste de salto subcuántico (A_s) en la interacción de la partícula hacia el vacío, también se manifiestan otros factores en el proceso inverso, es decir, en la interacción del vacío con la partícula pasando de un estado bidimensional al observable de 4 dimensiones. En su determinación vamos a tomar las siguientes consideraciones:

a)   La energía global intrínseca del fotón $\left(E_{Tf}\right)$ viene dada por su masa en reposo junto al dinamismo de la misma:

$$\left[m_f + \frac{m_f \times c}{49,98} \times 10^{-9}\right]C^2 = \left[7,697166211 \times 10^{-17} + \frac{7,697166211 \times 10^{-17} \times 299792458}{49,98} \times 10^{-9}\right]C^2 =$$

$$\left[7,69711211 \times 10^{-17} + 4,616951537 \times 10^{-19}\right]C^2 = 7,743335726 \times 10^{-17} \times C^2 = 6,959363085$$

La cantidad de movimiento subcuántico intrínseco del fotón, por tanto, es:

$$\frac{m_f \times c}{49,98} = 4,616951537 \times 10^{-10}$$ o, desde el flujo inverso,

$$2 \times p_\oplus \times 10^2 \times factorasimetria = 2 \times 0,02307618648 \times 10^{-8} \times 1,000371431 = 4,616951537 \times 10^{-10}$$

siendo $1,000371431 = \dfrac{1,00040016}{1,0000287188}$

No en vano, la siguiente relación inversa entre factores va a dar lugar al valor de referencia de energía de retorno:

$$\frac{0,000371431}{0,00002871881} \times 10^{5} = 1293337$$

Una vez más es reflejo y da sentido al carácter dinámico lineal del vacío cuántico. De esta manera hemos llegado al mismo resultado desde un sentido y el inverso del flujo de la energía. El concepto que expresa el doble de $\left(p_{\otimes}\right)$ tiene que ver con la premisa de nuestro modelo sobre la base de un poliedro esférico compuesto por pirámides de base cuadrada que confluyen hacia y desde el centro geométrico y el precepto de que la energía del vacío sea una constante universal.

b)   La configuración conceptual de la energía global de la partícula elemental se resume:

1.-*Energía asociada a la masa en reposo*

$$6,917867994 = 7,697166211 \times 10^{-17} \times c^{2}$$

2.-*Energía asociada a la cantidad movimiento intrínseco*

$$0,03180835 = \left(m_{f} \times 0,004598 \times c\right) \times c = \left(3,53915637 \times 10^{-19} \times c\right) \times c$$

y considerando estos dos primeros términos o componentes

tenemos

$$\overrightarrow{E_f} = 7{,}732557775 \times 10^{-17} \times c^2 = 6{,}949676345$$

3.-*Energía asociada a la "asimetría de flujo" que podría relacionarse con las fuerzas de interacción, como veremos más adelante*

$$0{,}00968674 = 1{,}07779518 \times 10^{-19} \times c^2$$

Por lo que la energía global del fotón es:

$$E_{Tf} = 6{,}917867994 + 0{,}03180835 + 0{,}00968674 = 6{,}959363084$$

Con una masa teórica asociada total de:

$$6{,}959363084 = m_{Tf} \times c^2 \quad \Rightarrow \quad \boxed{m_{Tf} = 7{,}743335726 \times 10^{-17}}$$

Ahora bien, si el modelo teórico postula la generación del dinamismo de la energía y la masa de la partícula a partir de la propia simetría no absoluta, significa que:

$$\frac{1}{49{,}98 \times 0{,}00002871881} \times 10^{-2} = 6{,}9668636 \quad y \quad si \ en \ términos \ de$$

proporcionalidad con la energía global calculada, tenemos

$$\frac{6{,}9668636}{6{,}959363084} = 1{,}001077759$$

podemos observar que ésta se manifiesta en la masa de la partícula por concepto de asimetría de flujo de energía.

En todo caso, siempre bajo el postulado de la ecuación que describe el equilibrio universal:

$$E_{Tf} \times 1,0000287188 \times G \times 10^8 = E_{\otimes} \times 1,005998248 \times C \times f_{\otimes} \times 10^4$$

siendo

$$\left[1 + \frac{c}{49,98} \times 10^{-9} \right] = 1,005998248$$

$$A_S \times 10^4 = 1,0000287188$$

O lo que es igual

$$\boxed{E_{Tf} \times G \times 10^8 = E_{\otimes} \times 0,999971282 \times 1,005998248 \times C \times f_{\otimes} \times 10^4}$$

siendo $0,999971282 \times 1,005998248 = 1,005969358$ *(este dato nos permitirá, cuando tratemos sobre la Fuerza de la Gravedad, establecer la conexión con la Teoría de la Relatividad General puesto que nos encontramos ante el factor que relaciona la geometría de espacio tiempo curvo con la energía-masa en movimiento)*

Recapitulando: teniendo en cuenta lo argumentado respecto a la expresión de la energía de la partícula en reposo $E_f = m_f \times c^2$, con tendencia en su dinámica intrínseca hacia el vacío cuántico a la expresión $E_f = cp_f$ a medida que disminuye en términos subcuánticos su masa en reposo, podemos establecer la formulación que asocia ambos conceptos. A partir de la ecuación de equilibrio universal se deduce la ecuación que define globalmente la energía *intrínseca de la partícula en su estado fundamental (E_{Tf}), es decir, tomando en consideración su doble versión onda-corpúsculo.*

$$m_f \left[1 + \frac{c}{49,98} \times 10^{-9} \right] \times C^2 \times G \times 10^8 = E_{\circledast} \times 1,00596935 \times C \times f_{\circledast} \times 10^4$$

$$m_f \left[1 + \frac{c}{49,98} \times 10^{-9} \right] \times C^2 = E_f \times A_S \times 10^4 \times 1,00596935$$

$$m_f \left[1 + \frac{c}{49,98} \times 10^{-9} \right] \times C^2 = E_{Tf}$$

$$E_{Tf} = m_f \times c^2 + \frac{m_f \times c^3}{49,98} \times 10^{-9} = m_f \times c^2 + m_f \times c^4 \times G \times 10^{-9}$$

$$\boxed{E_{Tf} = m_f \times c^2 + m_f \times c \times \lambda \times 10^{13}}$$

$$\boxed{E_{Tf} = m_f \times c^2 + c \times p_f \times \frac{1}{v} \times 10^{13}}$$

(Energía intrínseca global de la partícula elemental en su estado fundamental que incluye tanto la energía observable como la denominada energía oscura eminentemente lineal)

Siendo
★ $p_f = 0,023075523 \times 10^{-6}$ *(momento en el estado umbral con el vacío)*
★ $v = 1,66715335 \times 10^{15}$
★ $m_f = 7,697166207 \times 10^{-17}$
★ $c \times p_f \times \frac{1}{v} \times 10^{13} = 0,03180835 + 0,00968674 = 0,04149509$

70

La diferencia establecida entre la energía global de la partícula elemental y la energía observable fijada mediante el cuanto mínimo de acción que interacciona con otras partículas con una determinada frecuencia determina, en un sentido del flujo o en el inverso, conceptos diferentes:

$$\frac{E_{Tf} - K}{2} \times 10^{10} = \frac{6{,}959363082 - 6{,}89479181}{2} \times 10^{10} \rightarrow \textit{fuerzaelectrodébil}$$

$$\left(E_{Tf} - K\right) \times 2 \times 10^{7} = \left(6{,}959363082 - 6{,}89479181\right) \times 2 \times 10^{7} \rightarrow \textit{Energíarevertida}$$

Además, creemos necesario resaltar que la ecuación de valor global energético de la partícula elemental al igual que la expresiva del equilibrio universal indican que la interacción con el vacío se encuentra cuantizada y, si es así, implicaría que en el escenario bidimensional (lineal-tiempo) el flujo de energía, o dicho de forma más exacta, la interacción sobre la invariante (Constante Cosmológica), se manifiesta igualmente de forma discreta en la distancia. Este carácter reivindica la posibilidad de paso de información a través de este medio y podría hacer comprensible el llamado "entrelazamiento cuántico" entre partículas y su puesta de manifiesto inmediata.

La relación entre factores de ajuste por simetría no absoluta nos ofrece información que puede ayudarnos a comprender el mecanismo intrínseco:

1) $\vec{A_s} = 1{,}004598$ factor de asimetría que surge desde el vacío cuántico (conversión de la masa en estado de reposo a otro con momento). Así lo demuestra la relación:

$$\frac{\overrightarrow{E_f}}{E_f} = \frac{6,949676345}{6,917867994} = 1,004598 \quad siendo \quad \left(2 \times 0,02299 \times 10^6 = 0,004598\right)$$

p : *Módulo*   *del*   *momento*   *del*   *fotón*

$\left(p = \overline{h}k = \dfrac{h}{\lambda_R} = \dfrac{h\nu_R}{c} = 0,02299 \times 10^{-6} \right)$

2) $A_s \times 10^4 \times \left(1 + C^2 G^2\right) = 0,0001000028718 \times 10^4 \times 1,00040032 = 1,00042905$
factor de asimetría que motiva el valor del cuanto de acción con el vacío, como trataremos más adelante.

3) $\left(1 - \dfrac{1,00042905}{1,004598}\right) = 0,0041498684$ $\left(\approx \dfrac{E_\otimes \times c}{49,98} \times 10^{-6} \right)$ *valor que*
corresponde a la energía cuantizada global que surge de la interacción no absolutamente simétrica entre la energía-masa de reversión desde el vacío y la masa con momento intrínseco de la partícula. Muestra la superposición del dinamismo del flujo de energía en ambos sentidos (hacia y desde el vacío) de la partícula:

$$\frac{0,0041498684}{\left[3 \times \left(1 - \dfrac{1}{A_s} \times 10^{-4}\right) + 1\right]} \approx \left(\frac{E_f \times c}{49,98} \times 10^{-10} \right)$$

4) *En principio,* $1,004598 \times 1,0004290503 = 1,005029023$ *señalaría el efecto conjunto de la asimetría fruto de la superposición de flujo de energía en un sentido y el inverso.*

No obstante, hemos definido la energía global del fotón como la constituida por la suma de la masa en reposo, la relativa a su momento y una tercera componente producto de la asimetría de flujo dinámico.

$$m_f + \frac{m_f \times c}{49,98} \times 10^{-9} = m_f \left[1 + \frac{c}{49,98} \times 10^{-9} \right] = m_f \times 1,005998248$$

5) *La diferencia de estos dos últimos factores determinaría lo que denominaremos energía de ajuste por simetría no absoluta como componente en el cálculo de la energía global del fotón. Con el valor fijado en* $(0,00968674)$, *consideramos que esta componente tiene que ver con la fuerza de interacción electrodébil* (3229203903), *cuya magnitud determinaremos al tratar sobre las interacciones en el núcleo de los átomos es:*

$$\frac{3229203903}{0,00968674} = 3,3336333 \times 10^{11} \qquad \Longleftrightarrow \qquad \frac{0,00968674}{3} \times 10^{12} \approx 3229203903$$

6) *La inversa de la componente que determina la cantidad de movimiento intrínseco del fotón elevada exponencialmente nos muestra la magnitud de la frecuencia de interacción con el vacío cuántico:*

$$v = \frac{49,98}{c} \times 10^{22} = \frac{1}{C^2 \times G} \times 10^{22} \qquad \Longleftrightarrow \qquad \lambda = \frac{c^2}{49,98} \times 10^{-22} = C^3 \times G \times 10^{-22}$$

Por otra parte, y bajo la premisa de simetría no absoluta derivada de interacciones discretas de energía, podríamos definir la antipartícula como la inversa de los coeficientes de ajuste calculados. Para situarnos, supongamos que el número 1 representa la premisa de un continuo universal (por suerte no es una situación real porque si lo fuera la física universal no tendría necesidad de buscar el equilibrio; ya lo estaría permanentemente), aunque la tendencia a través de fuerzas lo busque, cualquier factor por exceso o por defecto implica un universo dinámico discreto, en cuantos de energía. Por tanto, todos nosotros nos situamos en este escenario universal que podríamos representar esquemáticamente mostrando su simetría no absoluta a través de los factores de ajuste en función del sentido del flujo de energía:

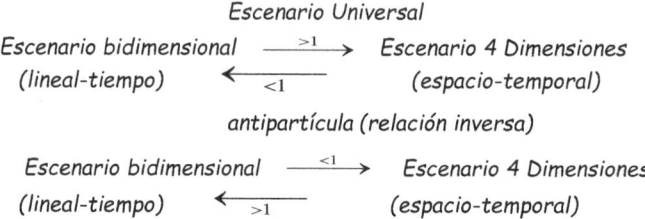

Escenario Universal

Escenario bidimensional $\xrightarrow{>1}$ Escenario 4 Dimensiones

(lineal-tiempo) $\xleftarrow{<1}$ (espacio-temporal)

antipartícula (relación inversa)

Escenario bidimensional $\xrightarrow{<1}$ Escenario 4 Dimensiones

(lineal-tiempo) $\xleftarrow{>1}$ (espacio-temporal)

Bajo esta perspectiva, el concepto de antipartícula tendría su origen igualmente en la partícula elemental provocado por una mecánica de funcionamiento intrínseco que cumpliendo la ecuación de equilibrio universal conlleve valores inversos de los factores de ajuste por simetría no absoluta.

Los factores de ajuste mencionados surgirán a lo largo de la exposición matemática del modelo teórico. Por ello, es necesario tener en consideración la energía asociada a los mismos, puesto que al estado energético propio del fotón en "reposo" hay que sumar el derivado a su momento lineal inherente, inseparable y en concordancia conceptual con la ecuación relativista de la partícula en desplazamiento ($E^2 = m^2 \times c^4 + c^2 \times p^2$). No obstante, hay que resaltar que nuestro modelo teórico, en el ámbito intrínseco de la partícula elemental, considera como componente separado un diferencial de energía por ajuste de simetría no absoluta. Haciendo uso de los factores de asimetría y centrándonos en la componente cantidad de movimiento, creemos conveniente hacer las siguientes consideraciones:

$$\overleftarrow{p_f} = m_f \times 1{,}004598 \times c = 7{,}697166205 \times 10^{-17} \times 1{,}004598 \times c =$$
$$= 7{,}732557775 \times 10^{-17} \times c = 0{,}023181625 \times 10^{-6}$$

siendo $\overrightarrow{p_f}$ la cantidad de movimiento intrínseco del dinamismo de la partícula (dependiente de la masa con movimiento lineal del fotón)

$$\overleftarrow{E} = \overrightarrow{p_f} \times c = 0{,}023181625 \times 10^{-6} \times 299792458 = 6{,}94967634$$

Por lo que en este orden de consideraciones de la partícula elemental vamos a desglosar la energía acumulada en dos componentes:

$$\overline{E}_f = 6{,}94967634 = E_f + \left(m_f \times 0{,}004598 \times c\right) \times c \quad \Rightarrow \quad \overline{E}_f = E_f + cp$$

siendo $\left(E_f = 6{,}91786799\right)$ y (p) la cantidad de movimiento o momento intrínseco del fotón dependiente de la masa parcial del fotón correspondiente al factor de ajuste de simetría con el vacío.

$$cp = 299972458\left(7{,}697166205 \times 10^{-17} \times 0{,}004598 \times 299792458\right) =$$
$$299792458\left(3{,}539157021 \times 10^{-19} \times 299792458\right) = 299792458 \times 1{,}061012583 \times 10^{-10} = 0{,}03180835$$

Y su relación con el momento del vacío cuántico($p_\otimes$) es:

$$\frac{cp}{p_\otimes} \times 10^{-8} \times 10^{-4} = \frac{0{,}03180835}{0{,}02307618 \times 10^{-10}} \times 10^{-12} = 0{,}01378406146$$

que, como es lógico, resulta ser la misma proporción relacional entre la masa propia del momento lineal y la masa umbral del vacío de la partícula elemental:

$$\frac{m_f \times 0,004598}{m_f^L} \times 10^{-2} = \frac{7,732557775 \times 10^{-17} - 7,697166211 \times 10^{-17}}{0,2567571297 \times 10^{-18}} \times 10^{-2} = 0,01378406$$

Siendo:

$$m_f^L = \frac{p_\otimes}{c^2} \times 10^{10}$$

Y, por tanto, sabiendo que

a) $\quad \dfrac{p}{m_f \times c} = 0,004598 \qquad (p = 1,061012583 \times 10^{-10})$

b) $\quad \dfrac{p}{p_\otimes} \times 10^{-4} = 0,00459786795$

obtenemos el valor de ajuste por simetría no absoluta cuyos efectos provienen desde el vacío cuántico y son causa de los factores de asimetría dirigidos hacia el vacío en el flujo de energía inverso:

$$\left[1 - \frac{m_f \times c}{p_\otimes} \times 10^{-4} \right] = \left[1 - \frac{\dfrac{p}{p_\otimes}}{\dfrac{p}{m_f \times c}} \right] = \left[1 - \frac{0,00459786795}{0,004598} \right] = 0,00002871835$$

Las magnitudes $(0,0318)$ *y* $(0,013784)$ *constituyen valores referenciales que aparecen en distintas ocasiones como resultante de la energía cinética de las partículas, o en el establecimiento relacional entre masas de partículas o longitudes de onda de interacción con el vacío, respectivamente.*

$$\left[\left(\frac{\dfrac{m_f \times c^2}{49,98}}{\dfrac{m_f \times 0,004598}{m_f^L} \times 10^{-2}} \times 10^{-1} \right) - 1 \right] = \left(\frac{m_f^L \times c^2}{0,004598 \times 49,98} \times 10 \right) - 1 \approx \left[\frac{m_f \times c^3}{49,98} \times 10^{-10} \right]$$

Traducido en valores numéricos

$$\left[\left(\frac{0,0138412725}{0,01378406146} \right) - 1 \right] \approx 0,004149509$$

y su correlación por diferencia energética de la partícula:

$$E_{Tf} - E_f = \frac{m_f \times c^3}{49,98} \times 10^{-9} \quad \Rightarrow \quad 6,959363085 - 6,917867994 = 0,04149509$$

Otro dato que utilizaremos a lo largo del desarrollo de este modelo teórico es la energía cinética revertida desde el vacío derivada de la masa con momento del fotón:

$$\frac{1}{\overrightarrow{m_f}} \times 10^{-10} = \frac{1}{7,732557775 \times 10^{-17}} \times 10^{-10} = 1.293.233,144$$

Otra forma de expresarlo :

$$m_f \left(\frac{c}{p_\otimes} + \frac{49,98}{c} \times 10^{29} \right) = \left(\frac{1}{A_s} + m_f \times v \times 10^7 \right) = 1.293.235,35$$

siendo v la frecuencia de interacción intrínseca del fotón en su estado másico fundamental. $(\equiv 1,66715334 \times 10^{15})$ *y el factor de simetría no absoluta* $(A_s = 0,0001000028718)$

Masa y longitud de Planck

Se denomina masa de Planck a la cantidad de masa que, incluida en una esfera cuyo radio fuera igual a la longitud de Planck, generaría, según la física actual, la densidad del Universo cuando tenía unos 10^{-44} segundos, el llamado tiempo de Planck. El valor establecido es $2,18 \times 10^{-8}$ Kg.

En el modelo teórico que presentamos podría ser explicado mediante la Constante Universal de la fuerza del vacío $(f_\otimes)$, presente desde el principio del Universo, constituyéndose en primordial:

$$\left(f_\otimes \times 10^{10} + 1\right) \times 10^{28} = 1,222619058 \times 10^{28} \, ev/c^2 \approx 2,17992978 \times 10^{-8} \, Kg$$

Lo que significaría que la masa origen del Universo tendría su fundamento en una fuerza, la Constante de la Fuerza del vacío cuántico de la cual surgen las demás fuerzas si tomamos en consideración la Longitud de Planck cuya formulación en el modelo establecido puede definirse de varias maneras:

$$l_p \approx \frac{C^3}{v \times 10^7} \times 10^{-38} \approx \lambda \times C^2 \times 10^{-45} \approx \lambda \times \frac{G^2}{f_\otimes^2} \times 10^{-29} \approx C^5 \times G \times 10^{-67}$$

$$\left(= 1,616168256 \times 10^{-35} \, m\right)$$

Siendo $v = 1,6671533 \times 10^{15}$ la frecuencia de interacción con el vacío del fotón, y $\lambda = 1,7982297 \times 10^{-7} m$ la longitud de onda asociada en su estado fundamental.

Permitividad y Permeabilidad eléctrica

Lo postulado hasta la fecha es que la permitividad , llamada también constante dieléctrica, es una constante física que describe cómo un campo eléctrico afecta y es afectado por un medio.

$$\in_\otimes = \frac{1}{C^2 \times \mu_\otimes} = \frac{1}{299792458^2 \times 1,25663706 \times 10^{-6}} = 8,85418782 \times 10^{-12} C^2 / Nm^2$$

La permitividad del vacío ($\in_\otimes$) es el cociente de los campos de desplazamiento eléctrico D y el campo eléctrico E (D/E) en ese medio. También aparece en la ley de Coulomb , que expresa la atracción entre dos cargas unitarias en el vacío.

La permeabilidad del vacío μ_0 se define actualmente como:

$$\mu_\otimes = 4\pi \times 10^{-7} = 1,25663706 \times 10^{-6} \, NA^{-2}$$

La permitividad eléctrica que aparece en la ley de Coulomb y la constante magnética del vacío están relacionadas por la fórmula:

$$\in_\otimes \times \mu_\otimes = \frac{1}{C^2}$$

Aplicando estas dos constantes a nuestro modelo teórico podemos establecer las siguientes formulaciones:

A) Permeabilidad magnética del vacío:

$$\mu_\otimes = \left(1 + \frac{m_f^L}{A_s \times 10^4}\left(1 - 2f_\otimes \times 10^7\right) \times 10^{18}\right) \times 10^{-6} =$$

$$(1 + 0,256749828(1 - 0,00044523811)) \times 10^{-6} = 1,25663551 \times 10^{-6}$$

de donde se puede concluir que es dependencia directa de la masa del fotón en el estado umbral con el vacío cuántico y, por tanto, la permeabilidad magnética del vacío mide la bondad de transición bidireccional entre el estado másico umbral y la energía-momento del vacío.

Nunca podría dar el valor exacto ($4\pi \times 10^{-7}$) puesto que la energía tiene carácter discreto, cuantizado. Podemos comprobar el salto cuántico

$$\mu_\otimes = \left(1 + m_f^L\left(1 - 2f_\otimes \times 10^7\right) \times 10^{18}\right) \times 10^{-6} =$$

$$\left(1 + 0,2567572018(1 - 0,00044523811)\right) \times 10^{-6} = 1,25664288 \times 10^{-6}$$

B) Permitividad eléctrica del vacío:

$$\in_\otimes = \frac{1}{C^2 \times \mu_\otimes} = \frac{(49,98G)^2}{\mu_\otimes} = \frac{(49,98G)^2}{\left(1 + \dfrac{m_f^L}{A_s \times 10^4}\left(1 - 2f_\otimes \times 10^7\right) \times 10^{18}\right) \times 10^{-6}} = 8,854198737 \times 10^{-12}$$

$$\in_\otimes = \frac{1}{C^2 \times \mu_\otimes} = \frac{(49,98G)^2}{\mu_\otimes} = \frac{(49,98G)^2}{\left(1 + m_f^L\left(1 - 2f_\otimes \times 10^7\right) \times 10^{18}\right) \times 10^{-6}} = 8,854146808 \times 10^{-12}$$

que se presenta como la inversa de una fuerza.

Ya era conocido que el producto de ambas constantes es la inversa del cuadrado de la velocidad de la luz. Pero también es interesante conocer la ecuación que relaciona el producto de la permitividad eléctrica y la permeabilidad magnética con la Constante de la Fuerza del vacío cuántico $f_\otimes$:

$$\boxed{2 \times \in_\otimes \times \mu_\otimes \times 10^6 \times 1,00040016 = 2,226190585 \times 10^{-11} \equiv f_\otimes}$$

y por lo tanto,

$$f_\otimes = \frac{2}{C^2} \times A_s^{''} \times 10^6$$

$$f_\otimes = 2(49{,}98G)^2 \times A_s^{''} \times 10^6$$

siendo $\quad A_s^{''} = 1{,}00040016$

Sustituyendo en la ecuación conforme a la definición de la Constante de la Fuerza del vacío que previamente habíamos definido, observamos la equivalencia de asimetría entre constantes

$$f_\otimes = \frac{G}{C} \times 10^8 \quad\Rightarrow\quad \frac{2}{C^2} \times A_s^{''} \times 10^6 = \frac{G}{C} \times 10^8 \quad\Rightarrow\quad \boxed{2 \times A_s^{''} = C \times G \times 10^2}$$

cumpliendo, por tanto, en todo momento la formulación del equilibrio universal.

FUERZAS DE INTERACCIÓN DE LAS PARTÍCULAS

Hoy en día postula la teoría cuántica que toda interacción se debe al intercambio de partículas mediadoras, llamadas bosones, que portan el campo de fuerza correspondiente. En el contexto de esta teoría una partícula elemental es un tipo de excitación de un campo (de acuerdo con la dualidad onda-partícula) y es el cuanto del campo lo que se transmite en una interacción y es intercambiado entre los objetos que se ejercen fuerza.

Así, la fuerza electromagnética se debería al intercambio de fotones entre cargas, corrientes o imanes otorgando carácter discreto al campo electromagnético; la interacción débil se explica por la mediación de otras partículas llamadas bosones W y Z; la interacción fuerte se explica por el intercambio de gluones con enormes propiedades de unión; y la fuerza gravitatoria se debería explicar también mediante el supuesto intercambio de otras partículas denominadas gravitones. Se considera que todas esas interacciones pueden producir ondas, y los bosones que las transmiten, entre ellos el fotón, son la cuantización de esas ondas.

Hay constancia empírica de la existencia de gluones y se han observado directamente en los aceleradores de partículas los bosones W y Z. No obstante, la detección experimental del gravitón continúa pendiente.

Interacciones y partículas mediadoras		
Fuerza	Alcance	Partícula Intermediaria
Gravitación	Largo	Gravitón
Electromagnetismo	Largo	Fotón
Fuerza nuclear débil	Corto	Bosones W+, W- y Z

Fuerza nuclear fuerte	Corto	Gluones

Por tanto, según el modelo estándar, los bosones son las partículas que interaccionan con las partículas materiales, los fermiones, y se afirma que existen 4 tipos de interacciones fundamentales: interacción nuclear fuerte, interacción nuclear débil, interacción electromagnética e interacción gravitatoria cuya fuerza relativa entre ellas queda expuesta en el siguiente cuadro:

Interacción	Teoría descriptiva	Mediadores	Fuerza relativa
Fuerte	Cromodinámica cuántica(QCD)	gluones	10^{38}
Electromagnética	Electrodinámica cuántica(QED)	fotones	10^{36}
Débil	Teoría electrodébil	bosones W y Z	10^{25}
Gravitatoria	Gravedad cuántica	gravitones	1

Desde el punto de vista del modelo planteado, todas y cada una de estas Fuerzas de interacción están motivadas y derivan de una sola fuerza: la que se origina en el interior de la partícula elemental. Los fotones en sus diversos estados energéticos y en su interacción directa con el vacío son la fuente de todas y cada una de estas fuerzas. Las diferentes formas de manifestación de partículas estables en el Universo son expresiones tendenciales de un mismo origen. Por ello, comenzaremos considerando la Fuerza de interacción intrínseca del fotón (la Fuerza del Vacío Cuántico).

Como hemos visto, la ecuación determinante del equilibrio de fuerzas como medida de la intensidad de las mismas es:

$$f_\otimes = \frac{G}{C} \times 10^8 \quad \Leftrightarrow \quad G \times 10^8 = f_\otimes \times C \quad \Leftrightarrow \quad G^2 \times 10^8 = f_\otimes \times C \times G$$

con lo que podemos definir la intensidad de la atracción hacia el vacío cuántico como (a´):

$$\frac{1}{G^2} \times 10^{-6} = \frac{49,98}{f_\otimes} \times 10^2 = a' = 2,245090797 \times 10^{14} \quad \text{(radio } G\text{)}$$

Haciendo uso de la mecánica clásica, la fuerza intrínseca del fotón quedaría concretada como el producto de su masa en reposo y la aceleración:

$$F_f = m_f \times a' = 7,697166205 \times 10^{-17} \times 2,245090797 \times 10^{14} = 0,017280837$$

Y teniendo en cuenta además el aumento de su energía-masa por efecto del movimiento lineal:

$$\overrightarrow{F_f} = m_f \times a' = 7,732557775 \times 10^{-17} \times 2,245090797 \times 10^{14} = 0,0173602943$$

Y finalmente, sobre la masa global de la partícula en su estado fundamental

$$F_{Tf} = m_{Tf} \times \overset{..}{a} = 7,743335276 \times 10^{-17} \times 2,245090797 \times 10^{14} = 0,01738449178$$

La relación entre la energía del fotón en su estado fundamental y la fuerza inherente a la misma muestra, una vez más, la asimetría no absoluta del flujo:

$$\frac{6,91786799}{0,017280837} \times 10^{-6} = 0,00040032 \quad \left(= C^2 G^2 \right)$$

$$\frac{6,94967634}{0,0173602943} \times 10^{-6} = 0,00040032$$

$$\frac{6,959363082}{0,01738449178} \times 10^{-6} = 0,00040032$$

NEUTRONES Y PROTONES

Un neutrón es una partícula subatómica contenida en el núcleo atómico. No tiene carga eléctrica neta, a diferencia de carga eléctrica positiva del protón. El número de neutrones en un núcleo atómico determina el isótopo de ese elemento. Aunque se dice que el neutrón no tiene carga, se afirma que está compuesto por tres partículas fundamentales cargadas llamadas quarks, cuyas cargas sumadas son cero. Por tanto, el neutrón es un barión neutro compuesto por dos quarks de tipo abajo y un quark de tipo arriba. El neutrón es necesario para la estabilidad de casi todos los núcleos atómicos, a excepción del isótopo hidrógeno-1. La interacción nuclear fuerte es responsable de mantenerlos estables en los núcleos atómicos. El neutrón es una partícula con masa 939,565 560(81) Mev/c^2 , 1,001376 veces la del protón; juntamente con los protones, los neutrones son los constitutivos fundamentales del núcleo atómico y se les considera como dos formas de una misma partícula: el nucleón.

El número de neutrones en un núcleo estable es constante, pero un neutrón libre, es decir, fuera del núcleo, se desintegra con una vida media de unos 1000 segundos, dando lugar a un protón, un electrón y un antineutrino.

El protón es una partícula subatómica con una carga eléctrica elemental positiva 1 (1,6 × 10^{-19} C), igual en valor absoluto y de signo contrario a la del electrón, y con una masa de 938,272 013(23) MeV/c^2. El protón y el neutrón, en conjunto, se conocen como nucleones, ya que conforman el núcleo de los átomos. En un átomo, el número de protones en el núcleo determina las propiedades químicas del átomo y qué elemento químico es. El núcleo del isótopo más común del átomo de hidrógeno (el átomo estable más simple posible) está formado por un único protón.

Al tener igual carga, los protones se repelen entre sí por lo que la fuerza que une los nucleones ha de ser necesariamente muy superior.
 En cuanto a su clasificación, los protones son partículas de espín 1/2, por lo tanto fermiones. Al experimentar la interacción nuclear fuerte se les denomina hadrones.

Las observaciones experimentales ponen el radio del protón en 8,4184(67) × 10^{-16} m

En el modelo teórico presentado:

* La masa del protón (Mp) puede calcularse mediante la siguiente ecuación:

$$Mp\left(1-\frac{1}{2}CG\right)=\frac{3h}{C^2G\pi R^2}$$ *siendo su radio* $R = 8,419090319 \times 10^{-16}$

* Y la masa del neutrón (M_N) :

$$M_N\left(1-\frac{1}{2}CG\right)=\frac{3h}{C^2G\pi R^2}$$ *siendo su radio* $R = 8,413292831 \times 10^{-16}$

Sobre la premisa de una energía cuantizada y en base a la representación geométrica de la partícula elemental, no ya como una esfera perfecta sino como un poliedro esférico, el valor de π debe ser sometido a un factor de ajuste.

El primer miembro de sendas ecuaciones denotan el carácter predominantemente corpuscular de las dos partículas por efecto de la reversión de energía del vacío que influye en la confluencia de energía cinética lineal entre ellas, provocando un potente nexo de unión, en vez de traducirse en una cantidad de movimiento de desplazamiento como ocurre con el electrón. Por tanto, el efecto de la simetría no absoluta se traduce en el nucleón de un átomo en forma de interacción entre neutrones u protones que los une fuertemente. Por el contrario, más adelante veremos que el primer miembro de la ecuación que nos permitirá valorar la masa del electrón ($M_e\left(\frac{1}{2}CG\right)$) nos muestra su preponderancia ondulatoria en el dinamismo alrededor del núcleo de los átomos y esa es la manifestación en esta partícula de la simetría no absoluta.

Apartándonos un momento del desarrollo y a raíz de lo expuesto en el modelo teórico, se podría intuir que la simetría no completa motiva la radiación de Hawking, que trata de explicar algo comprobado empíricamente: los agujeros negros emiten energía radiando partículas hacia el exterior del horizonte de sucesos, aun cuando su fuerza de atracción gravitatoria sea descomunal. La base o fundamento del dinamismo de un agujero negro o la interacción intrínseca de la partícula elemental con el vacío, en nuestra opinión, es el mismo.

Actualmente se considera la interacción nuclear fuerte como una de las cuatro interacciones fundamentales que el modelo estándar de la física de partículas establece para explicar las fuerzas entre las partículas conocidas. Esta fuerza es la responsable de mantener unidos a los nucleones (protones y neutrones), que coexisten en el núcleo atómico, venciendo a la repulsión electromagnética entre los protones que poseen carga eléctrica del mismo signo (positiva) y haciendo que los neutrones, que no tienen carga eléctrica, permanezcan unidos entre sí y también a los protones.

Los efectos de esta fuerza sólo se aprecian a distancias muy pequeñas, al contrario de las de largo alcance como la gravedad o la interacción electromagnética.

Según la teoría de la cromodinámica cuántica, la fuerza fuerte es la responsable de la cohesión del núcleo atómico, considerándose responsable de ello al campo de fuerza asociados a piones emitidos por protones, neutrones. Atendiendo a esta teoría, la existencia de ese campo de piones que mantiene unido el núcleo atómico es sólo un efecto residual de la verdadera fuerza fuerte que actúa sobre los componentes internos de los hadrones: los quarks. Las fuerzas que mantienen unidos los quarks son mucho más fuertes que las que mantienen unidos a neutrones y protones. Así las fuerzas entre quarks se considera que son debidas a los gluones.

Se sostiene que estos gluones son eléctricamente neutros, pero tienen "carga de color" y, por ello, también están sometidos a la fuerza fuerte. La carga de color no tiene que ver nada con los colores visibles usuales, sino que simplemente son una forma de llamar y diferenciar los diferentes tipos de una magnitud física asociada a los quarks. Oscar W. Greenberg introdujo la noción de la carga de color para explicar cómo los quarks podían coexistir dentro de algunos hadrones en estados de otro modo idénticos y todavía satisfacer el principio de exclusión de Pauli. La fuerza entre partículas con carga de color se considera muy fuerte, mucho más que la electromagnética o la gravitatoria, a través del llamado confinamiento de color. Con el confinamiento de los quarks, cuando dos de ellos se separan, se forma un tubo de flujo entre los dos quarks por el cual circulan los gluones. La energía del tubo de flujo aumenta con la separación, es decir, la fuerza atractiva entre los quarks se hace más fuerte con la distancia.

El modelo teórico propuesto en esta obra presenta argumentos complementarios a lo conocido hasta el momento ofreciendo una perspectiva diferente.

En primer lugar calcularemos la energía cinética intrínseca (de interacción con el vacío) de ambas partículas, neutrones y protones, para, posteriormente, situarnos en una posición relativa a la energía asociada a la masa en reposo diferencial entre ambas:

$$E_{CN} = \frac{1}{2}\left[M_N \times \frac{m_f \times c^2}{49,98} \times 10^6 \right] \times C^2 = 5,844058005 \times 10^{30}$$

$$E_{CP} = \frac{1}{2}\left[M_P \times \frac{m_f \times c^2}{49,98} \times 10^6 \right] \times C^2 = 5,836012198 \times 10^{30}$$

$$E_{CN} - E_{CP} = 8,045807382 \times 10^{27}$$

$$E_N = M_N \times C^2 = 939565560 \times 299792458^2 = 8,444394128 \times 10^{25}$$

$$E_P = M_P \times C^2 = 938272013 \times 299792458^2 = 8,432768307 \times 10^{25}$$

$$E_N - E_P = 1,162582113 \times 10^{23}$$

Y en términos relativos, concluimos que la energía-masa derivada del momento lineal de reversión del vacío, determinada con anterioridad y que interviene en la interacción entre neutrones y protones, es:

$$\frac{E_N - E_P}{E_{CN} - E_{CP}} = \frac{1,162582052 \times 10^{23}}{8,045807382 \times 10^{27}} = 0,000014449538 \quad \left(= \frac{2 \times 49,98}{E_f \times 10^6} \right)\left(= \frac{2}{E_f \times CG} \times 10^{-6} \right)$$

La energía global <u>intrínseca</u> de cualquier partícula de rango superior a la partícula elemental, como sabemos, se compone de la propia a la masa en reposo de la partícula junto a la energía cinética inherente.

$$E = E_{Re\,poso} + E_{Cinética}$$

La energía derivada de la masa en reposo es:

$$E_{Re\,poso} = M_{Re\,poso} \times C^2$$

y la energía cinética intrínseca de la partícula la definimos:

$$E_C = \frac{1}{2}\left(E_{Re\,poso} \times E_f \times 10^6 \right) C \times G$$

Por tanto, la energía global de partículas con rango superior al fotón y en su estado fundamental se define:

$$E = M_{particula}\left(1 + \frac{1}{2} \times m_f \times \lambda \times 10^{28} \right) C^2$$

La Teoría de la Relatividad establece la energía total de una partícula como la suma de la energía cinética y la energía en reposo

$$E = E_c + mc^2 = \gamma mc^2 = \frac{mc^2}{\sqrt{1 - \dfrac{u^2}{c^2}}}$$ *siendo γ el Factor de Lorenz*

lo cual supone en el modelo teórico que

$$\gamma = \left(1 + \frac{1}{2} \times m_f \times \lambda \times 10^{28}\right) \implies \frac{1}{\sqrt{1 - \dfrac{u^2}{c^2}}} = 1 + \frac{1}{2} \times m_f \times \lambda \times 10^{28}$$

$$\frac{2}{E_f \times CG} \times 10^{-6} = \sqrt{1 - \frac{u^2}{c^2}} = \frac{1}{\gamma} \implies \boxed{c \approx u}$$

En el dinamismo intrínseco de las partículas nos encontramos en una posición relativista.

Para el caso del electrón, la energía en su estado fundamental sería prácticamente la cantidad de movimiento de los fotones que lo componen elevado exponencialmente.

$$E_e \approx cp \times 10^{29}$$ *siendo cp = 0,0318035*

Para el caso del protón o del neutrón, la energía se constituye casi totalmente por su energía cinética intrínseca.

$$E_p \approx Energía cinética$$

Ahora calcularemos las longitudes de onda y frecuencias de radiación que intervienen en la interacción entre neutrones y protones y se caracterizan por ser muy cortas y elevadas respectivamente:

1)   *Considerando la energía asociada a la masa en reposo de neutrones y protones (suma de las masas en reposo de las partículas elementales que los componen) y que surge de la reversión desde el vacío cuántico <u>cuando se alcanza el nivel energético umbral</u>*

$$\lambda_N = \frac{h \times c}{E_N} = \frac{4,13566743 \times 10^{-15} \times 299792458}{8,444394128 \times 10^{25}} = 1,468242583 \times 10^{-32}\,mtr$$

$$v_N = \frac{c}{\lambda_N} = 2,041845547 \times 10^{40}$$

$$\lambda_P = \frac{h \times c}{E_P} = \frac{4,13566743 \times 10^{-15} \times 299792458}{8,432768307 \times 10^{25}} = 1,470266773 \times 10^{-32}\,mtr$$

$$v_P = \frac{c}{\lambda_P} = 2,039034436 \times 10^{40}$$

Y la energía-momento asociada a la interacción en cada caso:

$$\frac{\lambda_N}{2} \times \pi \times 10^{32} = 0,02306310054$$

$$\frac{\lambda_P}{2} \times \pi \times 10^{32} = 0,023094896$$

Es importante fijarse en las cifras porque, así como la primera se sitúa por defecto con respecto a la energía umbral del fotón que determina el sentido del flujo de energía con el vacío ($\vec{E} = 0,0230761818$), la segunda lo hace por exceso. Por tanto, implica que entre el neutrón y el protón existen potentes confluencias ondulatorias de interacción entre partículas elementales en torno al umbral que provocan que en su interior el Tensor energía-momento *y, por tanto, la curvatura espacio-temporal, sea muy elevada y, con ello, el flujo bidireccional con el vacío cuántico. Al mismo tiempo contribuiría a explicar un continuo cambio o conversión del neutrón en protón y viceversa.*

La suma de las longitudes de onda del neutrón y del protón muestra la cantidad de movimiento intrínseco de los fotones que los componen:

$$\frac{1}{2}\left(\lambda_p + \lambda_N\right) \times \pi \times 10^{22} = 4,615799697 \times 10^{-10}$$

equivalente a

$2 \times p_\otimes \times 10^2 = 2 \times 0,02307618 \times 10^{-8} = 4,615236 \times 10^{-10}$ *lo cual es señal inequívoca del origen del movimiento lineal en el vacío cuántico como ya hemos visto teniendo en cuenta el factor de ajuste.*

Igualmente, podemos apreciar que la magnitud relacional entre las masas de ambas partículas se conserva en la relación de sus respectivas longitudes de onda:

$$\left[1 - \frac{\lambda_N}{\lambda_P}\right] = (1 - 0,9986232499) = 0,00137675$$

Es decir

$$\boxed{M_N \times \lambda_N = M_P \times \lambda_P}$$

Calculando los hipotéticos valores discretos extremos de la Constante fuerza del vacío en la interacción dentro del núcleo de los átomos, entre neutrones y protones compuestos por partículas elementales, y bajo el dato calculado y constante de esta fuerza ($f_\otimes = 2,22619058 \times 10^{-11}$), llegamos a la misma conclusión de antes:

94

A) *Para el neutrón*

$$f_\otimes^N = \frac{M_n - M_P}{\frac{1}{2}\left(M_N \times 0,00137675\right) \times C^2} \times 10^6 = \frac{1293547}{5,812909808 \times 10^{22}} \times 10^6 = 2,22530031 \times 10^{-11}$$

siempre la equivalencia con la Constante de la Fuerza del Vacío

$$\left(f_\otimes = f_\otimes^N \times \frac{1}{2} CG \times 10^2 \right)$$

y cumpliendo la siguiente igualdad que lo relaciona con la masa y la energía del campo de interacción débil

$$f_\otimes^N = \frac{M_n - M_P}{\frac{1}{2}\left(M_N \times 0,00137675\right) \times C^2} \times 10^6 = \frac{2 \times m_{CD}}{E_{CD}} \quad \Rightarrow \quad \frac{2 \times f_\otimes}{CG} \times 10^{-2} = \frac{2 \times m_{CD}}{E_{CD}}$$

$$\Rightarrow \quad \boxed{E_{CD} \times f_\otimes = \left(m_{CD} \times C\right) \times G \times 10^2} \quad \textit{siendo } m_{CD} \textit{ y } E_{CD} \textit{ la masa y la}$$
energía del campo de interacción nuclear débil.

B) *Para el protón*

$$f_\otimes^P = \frac{M_n - M_P}{\frac{1}{2}\left(M_P \times 0,00137675\right) \times C^2} \times 10^6 = \frac{1293547}{5,80490688 \times 10^{22}} \times 10^6 = 2,228368217 \times 10^{-11}$$

2) **Considerando la energía total entendida como la suma de la energía intrínseca cinética y la propia de las partículas (neutrones y protones) y teniendo como premisa que la masa en reposo de ambos es la suma de las masas en reposo de las partículas elementales que los componen**

$$\lambda_N = \frac{h \times c}{E_{TN}} = \frac{4,13566743 \times 10^{-15} \times 299792458}{5,844142449 \times 10^{30}} = 2,121512121 \times 10^{-37} \, mtr$$

$$v_N = \frac{c}{\lambda_N} = 1,413107448 \times 10^{45}$$

$$\lambda_P = \frac{h \times c}{E_{TP}} = \frac{4,13566743 \times 10^{-15} \times 299792458}{5,836096526 \times 10^{30}} = 2,12443694 \times 10^{-37} \, mtr$$

$$v_P = \frac{c}{\lambda_P} = 1,411161952 \times 10^{45}$$

Y la energía asociada a la interacción en cada caso:

$$\lambda_N \times \pi \times 10^{28} = 6,664926886 \times 10^{-9}$$

$$\lambda_P \times \pi \times 10^{28} = 6,674115474 \times 10^{-9}$$

De igual forma, es importante fijarse en las cifras puesto que ambas se sitúan por exceso y defecto sobre la ecuación ya estudiada

$$\boxed{2 \times A_s^{''} = C \times G \times 10^2} \qquad \frac{2}{C} = \frac{G \times 10^2}{A_s^{'''}} = 6,671281904 \times 10^{-9}$$

Calculando el valor diferencial entre las magnitudes de longitud de onda podremos determinar más adelante el alcance de la Fuerza Fuerte de interacción:

$$\frac{1}{2}\left(\lambda_P - \lambda_N\right) \times \pi \times 10^{36} = 0,00045942949$$

Igualmente, podemos apreciar que la magnitud relacional entre masas de ambas partículas se conserva en la relación de sus respectivas longitudes de onda:

$$\left[1 - \frac{\lambda_N}{\lambda_P}\right] = (1 - 0{,}9986232499) = 0{,}00137675$$

De forma análoga al apartado anterior, podemos concretar, considerando la energía total de las dos partículas, los hipotéticos valores discretos por exceso y defecto de la cantidad de movimiento o momento que la confluencia entre neutrones y protones provocan en las partículas elementales que los componen (fotones) en su interacción en el umbral con el vacío $\left(\dfrac{m_f^L \times c}{49{,}98} = 1{,}540093179 \times 10^{-12} \right)$:

$$Momento(N) = \frac{M_{TN} - M_{TP}}{\frac{1}{2}\left(M_N \times 0{,}00137675\right) \times C^2} = \frac{8{,}952296677 \times 10^{10}}{5{,}812909808 \times 10^{22}} = 1{,}540071491 \times 10^{-12}$$

$$Momento(P) = \frac{M_{TN} - M_{TP}}{\frac{1}{2}\left(M_P \times 0{,}00137675\right) \times C^2} = \frac{8{,}952296677 \times 10^{10}}{5{,}80490688 \times 10^{22}} = 1{,}542194709 \times 10^{-12}$$

Cumpliéndose $\quad 1 - \dfrac{Momento\,particulas\,elementales(N)}{Momento\,particulas\,elementales(P)} = 0{,}00137675$

$\gamma \times f_{\otimes} \times 10^{-6} = 1{,}540687623 \times 10^{-12}$ *en una posición relativista* $\left(u \approx c \right)$ *y en el umbral con el vacío cuántico*

$$\gamma \times \frac{G}{C} \times 10^2 \approx \frac{m_f^L \times c}{49{,}98} \quad \Rightarrow \quad \frac{\gamma}{c} \approx \overline{\overline{E}} \times 10^{-2} \quad \Rightarrow$$

$$\boxed{\gamma \approx E_{\otimes} \times 1{,}000371431 \times 10^8}$$

Finalmente, para la determinación del valor de la Fuerza Fuerte (FF) volvemos a tomar en consideración una postura clásica:

$F = masa \times aceleración$

$$FF = \frac{M_N - M_P}{\frac{1}{2}(\lambda_P - \lambda_N)\pi \times 10^{36}} \times a'' = \frac{1293547}{0,00045942949} \times 2,245090797 \times 10^{14} =$$

$$= 2,815550652 \times 10^{9} \times 2,245090797 \times 10^{14} = 6,321166857 \times 10^{23}$$

Nuestro modelo teórico establece que todas las fuerzas intrínsecas de las partículas (la Fuerza de interacción Fuerte, débil, intrínseca del fotón), provienen de la Fuerza del vacío representada por la Constante $(f_\otimes)$. La intensidad de atracción intrínseca de cualquier partícula hacia el vacío cuántico la habíamos definido $\left(a'' = \frac{1}{f_\otimes \times CG} \times 10^2\right)$ y la medida de las diferentes Fuerzas la hemos fijado en base a la formulación clásica $(F = m \times a'')$.

Por otro lado, cabría preguntarse por qué es más estable el protón que el neutrón en un estado libre. El número de neutrones en un núcleo estable es constante, pero un neutrón libre, es decir, fuera del núcleo, se desintegra con una vida media de unos 1000 segundos, dando lugar a un protón, un electrón y un antineutrino. La razón hay que buscarla en el hecho de que el protón cumple en sí mismo con el equilibrio de la simetría no absoluta :

$$\frac{2 \times 49,98}{E_f \times 10^6} \times C^2 \equiv M_p \times \frac{m_f \times c^2}{49,98} \times \frac{1}{A_s}$$

lo que es indicativo de que en el interior del protón existe una estabilidad suficiente del flujo de la energía inherente al dinamismo bidireccional entre escenarios dimensionales.

De esta ecuación damos respuesta aproximada a la masa del protón y el neutrón

$$M_p \approx \frac{2}{\left(E_f \times G\right)^2} \times 1,000028718 \times 10^{-10} = \frac{2 \times a}{\left(m_f \times c^2\right)^2} \times 1,000028718 \times 10^{-4}$$

ELECTRÓN

En general los conocimientos básicos que en la actualidad se disponen sobre el electrón se concretan en los siguientes comentarios: El electrón es una partícula subatómica con una carga eléctrica elemental negativa. Hasta el momento se considera que un electrón no tiene componentes o subestructura conocidos, por tanto se define como una partícula elemental. El momento angular (espín) intrínseco del electrón es un valor semientero en unidades de ħ, lo que significa que es un fermión. Su antipartícula es denominada positrón; es idéntica excepto por el hecho de que tiene cargas de signo opuesto. Cuando un electrón colisiona con un positrón, las dos partículas pueden resultar totalmente aniquiladas y producir fotones de rayos gamma (muy alta energía)

Los electrones, que pertenecen a la primera generación de la familia de partículas de los leptones, participan en las interacciones fundamentales, tales como la gravedad, el electromagnetismo y la fuerza nuclear débil. Como toda la materia, posee propiedades mecánico-cuánticas tanto de partículas como de ondas, por lo que pueden colisionar con otras partículas y pueden ser difractadas como la luz. Esta dualidad se demuestra de una mejor manera en experimentos con electrones a causa de su pequeña masa.

En muchos fenómenos físicos como la electricidad, el magnetismo o la conductividad térmica, los electrones tienen un papel esencial. Un electrón en movimiento genera un campo electromagnético y es a su vez desviado por los campos electromagnéticos externos. Cuando se acelera un electrón, puede absorber o radiar energía en forma de fotones. Los electrones, junto con núcleos atómicos

100

formados de protones y neutrones, componen los átomos. La fuerza de Coulomb, que causa la atracción entre protones y electrones, también hace que los electrones queden enlazados. El intercambio o compartición de electrones entre dos o más átomos es la causa principal del enlace químico.

La equivalencia masa-energía de un electrón es aproximadamente de 0,510998928 MeV/c. El electrón tiene una carga eléctrica de -1,602176565 × 10^{-19} coulomb. La carga del electrón coincide con la del protón pero con el signo opuesto. Hasta el momento se ha considerado que el electrón no tiene ninguna subestructura conocida, es por ello que se define hoy día como una partícula puntual que tiene carga puntual.

La interacción electromagnética es la interacción que ocurre entre las partículas con carga eléctrica. Desde un punto de vista macroscópico y fijado un observador, suele separarse en dos tipos de interacción; la interacción electrostática, que actúa sobre cuerpos cargados en reposo respecto al observador, y la interacción magnética, que actúa solamente sobre cargas en movimiento respecto al observador.

La electrodinámica cuántica proporciona la descripción cuántica de esta interacción, que puede ser unificada con la interacción nuclear débil conforme al modelo electrodébil.

La interacción débil, fuerza débil o fuerza nuclear débil, es la responsable de fenómenos como la desintegración radiactiva. El efecto más familiar es el decaimiento beta (de los neutrones en el núcleo atómico) y la radioactividad. La palabra "débil" deriva del hecho que el campo de fuerza es según estimaciones actuales del orden de 10^{13} veces menor *que la interacción nuclear fuerte; aun así, esta interacción es más fuerte que la gravitación a cortas distancias.*

En el modelo estándar la fuerza débil se considera una consecuencia del intercambio de bosones W y Z que son muy masivos, y de acuerdo con el principio de incertidumbre de Heisenberg, son de corta vida, dando una explicación al escaso alcance de este tipo de fuerzas.

No sólo puede ocasionar, según el modelo estándar, efectos puramente atractivos o repulsivos, como sucede por ejemplo con la interacción electromagnética, sino que también puede producir el cambio de identidad de las partículas involucradas, es decir, lo que se conoce como una reacción de partículas subatómicas.
El modelo estándar de la física de partículas describe la interacción electromagnética y la interacción débil como dos diferentes aspectos de una única interacción electrodébil.

La teoría actualmente aceptada establece que la magnitud relativa de la interacción electromagnética entre dos partículas cargadas, tales como un electrón y un protón, viene dada por la constante de estructura fina. Esta constante es una cantidad adimensional y representa la proporción entre dos energías: la energía electrostática de atracción (o repulsión) en una separación de una longitud de onda de Compton, y el resto de energía de la carga. Tiene un valor medido de $\alpha = 7{,}297353 \times 10^{-3}$, *que equivale aproximadamente a 1/137.*

En nuestro modelo teórico, la Constante de Estructura Fina se define por la siguiente relación entre la Fuerza Intrínseca del fotón $(0{,}01736)$ *y la Energía del Campo de Interacción*

Débil $(1,2927155 \times 10^6)$, *valor que determinaremos más adelante:*

$$\left[1 - \frac{\vec{F}_f \times \alpha}{E_{CD} \times 10^{-10}}\right] = C \times G = \frac{1}{49,98}$$

$$\alpha = \frac{E_{CD} \times 10^{-10}(1 - CG)}{\vec{F}_f} = \frac{1,2927155 \times 10^{-4}(1 - 0,0200080032)}{0,0173602943} = 7,29740419 \times 10^{-3}$$

Centrándonos en el electrón, vamos a comenzar, al igual que hicimos con los neutrones y protones, con el cálculo de la masa del electrón. Sin embargo previamente es necesario introducir la noción de "Cuanto de interacción del vacío" o "cuanto de acción del momento intrínseco" en la partícula elemental como concepto que incluye la energía cuantizada de interacción con el vacío, en forma de cantidad de movimiento de la masa gravitatoria. De todos es sabido que la Constante de Planck otorga un valor específico a la partícula elemental provocada por su dinamismo intrínseco cinético, como ya hemos comentado. Unido a esta magnitud existen partículas básicas del universo como el electrón o los neutrinos, que conservan un movimiento que conlleva una energía por asimetría no absoluta asociada, vinculada o relacionada necesariamente a la propia de la partícula elemental que los componen, o partículas como el neutrón y el protón, que manifiestan la energía fruto de la simetría no absoluta en una intensa interacción entre ellos, una energía "discreta" determinada no sólo por la mecánica interna de la partícula, sino también por el carácter bidimensional del vacío cuántico. Definimos el cuanto de interacción del vacío de la siguiente manera:

$$\left[1 - \frac{h \times 10^5}{\overline{h}} \right] = \frac{49,98^2}{m_f \times c^2} \times 10^{-4}$$

$$\overline{h} = \frac{h \times 10^5}{\left(1 - \frac{49,98^2}{m_f \times c^2} \times 10^{-4} \right)} = \frac{4,13566743 \times 10^{-10}}{(1 - 0,0361093967)} = 4,290598348 \times 10^{-10}$$

Otra forma de expresión de esta magnitud que puede arrojar luz a su significado es:

$$\overline{h} \approx \frac{m_f \times c^2}{49,98} \left[m_f + \frac{m_f \times c}{49,98} \times 10^{-9} \right] C^2 \times G^2 \times \left[\left[\frac{A_s \times 10^4 - 1}{2} \right] + 1 \right] \times 10^{11}$$

O también, manifestando la búsqueda de equilibrio absoluto inalcanzable, es decir, junto a la anterior formulación, mostrando valores a un lado y el otro de los dos escenarios dimensionales.

$$\overline{h} \approx \frac{\dfrac{E_{\otimes}}{49,98} \left[m_f + \dfrac{m_f \times c}{49,98} \times 10^{-9} \right] C^2 \times G^2}{\left[\left[\dfrac{A_S \times 10^4 - 1}{2} \right] + 1 \right] \times 10^{15}}$$

Hay que tener en cuenta que $C^2 \times G^2 = \dfrac{1}{49,98^2} = 0,00040032$ *muestra la simetría no absoluta entre ambos escenarios, y que la expresión* $\dfrac{m_f \times c}{49,98}$ *implica cantidad de movimiento lineal.*

El factor de ajuste como múltiplo o como divisor nos muestra una característica fundamental de la física dinámica de la partícula: la aproximación al punto de simetría absoluta mediante "paquetes" de energía, y decimos aproximación puesto que, como ya hemos comentado, resulta ser un objetivo tan deseado como inalcanzable.

Cuando tratemos el capítulo sobre la Fuerza de la Gravedad tendremos ocasión de comprobar que esta formulación se simplifica teniendo en cuenta:

$$m_G = m_f \left[1 + \frac{c}{49,98} \times 10^{-9} \right] C^2 \times G^2 \times 10 \qquad \textbf{y} \qquad F_G = m_G \times a^{''}$$

Siendo
F_G : *Fuerza gravedad cuántica*
m_G : *masa gravitatoria cuántica*
$a^{''}$: *Intensidad gravedad cuántica*

....

$$\bar{h} \approx F_G \times m_f \times C^3 \times G^3 \times \left[\left(\frac{A_s \times 10^4 - 1}{2} \right) + 1 \right] \times 10^{16}$$

$$\bar{h} \approx F_G \times m_f \times \lambda \times G^2 \times \left[\left(\frac{A_s \times 10^4 - 1}{2} \right) + 1 \right] \times 10^{38}$$

$$\bar{h} \times a^{''} \approx F_G \times m_f \times \lambda \times \left[\left(\frac{A_s \times 10^4 - 1}{2} \right) + 1 \right] \times 10^{32}$$

$$\bar{h} \times a^{''} \approx F_G \times \frac{m_f \times c}{v} \times \left[\left(\frac{A_s \times 10^4 - 1}{2} \right) + 1 \right] \times 10^{32}$$

$$\bar{h} \times a^{''} \approx F_G \times \frac{p_f}{v} \times \left[\left(\frac{A_s \times 10^4 - 1}{2} \right) + 1 \right] \times 10^{32}$$

$$\overline{h} \times v \approx m_G \times p_f \times \left[\left(\frac{A_s \times 10^4 - 1}{2} \right) + 1 \right] \times 10^{32}$$

Una vez obtenido el valor de $\overline{h}$ aplicamos el concepto a la formulación de cálculo aproximado de la masa del electrón:

Para un radio: $r_1 = G = 6,67395148 \times 10^{-11}$

$$M_e \left(\frac{1}{2} CG \right) = \frac{\overline{h}}{C^2 \times G \times \pi \times r_1^2} = \frac{4,290598348 \times 10^{-10}}{299792458^2 \times 3,14159265 \times \left(6,67395148 \times 10^{-11} \right)^3} =$$

$$M_e = \frac{5111,842309}{0,0100040016} = 510979,757 \, eV/c^2$$

Simplificando la ecuación:

$$M_e = \frac{2\overline{h}}{C^3 \times G^4 \times \pi} \qquad \Leftrightarrow \qquad M_e = \frac{2\overline{h}}{\lambda \times G^3 \times \pi} \times 10^{-22}$$

Siendo λ la longitud de onda en la interacción con el vacío del fotón

....

Siguiendo el mismo esquema de desarrollo visto para los neutrones y protones, en primer lugar calcularemos la energía cinética intrínseca (de interacción con el vacío) del electrón, para, posteriormente, situarnos en una posición relativa a la energía "en reposo" del mismo:

$$E_e = M_e \times C^2 = 510998,928 \times 299792458^2 = 4,592629329 \times 10^{22}$$

$$E_{CE} = \frac{1}{2}\left[Me \times \frac{m_f \times c^2}{49,98} \times 10^6 \right] \times C^2 = 3,178391699 \times 10^{27}$$

$$\frac{E_e}{E_{CE}} = \frac{M_e \times C^2}{\dfrac{1}{2}\left(M_e \times \dfrac{m_f \times c^2}{49,98} \times 10^6 \right) C^2} = \frac{2 \times 49,98}{E_f \times 10^6} = 0,00001444953853$$

que, como podemos apreciar, es el mismo valor deducido para la energía cinética lineal cuando hablamos del neutrón y del protón debido a su independencia de la masa de las partículas de rango superior, pasando a serlo de la propia masa del fotón.

Para completar la situación física del electrón, debemos incorporar la energía asociada a la cantidad de movimiento de los fotones que lo componen. Consideramos pues el valor ya deducido de la masa y energía del fotón con movimiento lineal ($\overrightarrow{m_f}$ y $\overrightarrow{E_f}$):

$$\overrightarrow{p_f} = \overrightarrow{m_f} \times c = m_f \times 1,004598 \times c = 7,697166205 \times 10^{-17} \times 1,004598 \times c =$$
$$= 7,732557775 \times 10^{-17} \times c = 0,023181625 \times 10^{-6}$$

$$\overrightarrow{E_f} = \overrightarrow{p_f} \times c = 0,023181625 \times 10^{-6} \times 299792458 = 6,94967634$$

Por lo que la energía-masa de reversión del vacío asociada a la masa-momento de la partícula elemental es:

$$\frac{E_e}{E_{CE}} = \frac{M_e \times C^2}{\dfrac{1}{2}\left(M_e \times \dfrac{\overrightarrow{m_f} \times c^2}{49,98} \times 10^6 \right) C^2} = \frac{2 \times 49,98}{\overrightarrow{E_f} \times 10^6} = 0,0000143834$$

que resulta ser la energía-masa que conforma el campo de interacción nuclear débil.

$$\boxed{\frac{2 \times q \times 1,00040016}{0,0000143834} \times 10^{6} = f_{\otimes}}$$

Al respecto es necesario recapitular y tener en cuenta lo mencionado sobre el factor origen de simetría no absoluta en la partícula elemental:

"el valor de ajuste por simetría no absoluta cuyos efectos provienen desde el vacío cuántico y son causa de los factores de asimetría dirigidos hacia el vacío en el flujo de energía inverso":

$(1 - 0,999971282) = 0,000028718$ *en la ecuación de equilibrio universal o,*
visto desde la perspectiva del momento

$$\left[1 - \frac{m_f \times c}{p_\otimes} \times 10^{-4} \right] = \left[1 - \frac{0,02307552377 \times 10^{-10}}{0,02307618648 \times 10^{-10}} \right] = 0,00002871842$$

Al tratar sobre este concepto en la formulación de la constante reducida de Planck, vimos que en ella se deducía que $k = \dfrac{2\pi}{\lambda}$, *siendo k el módulo del vector de onda.*

Traducirlo al presente modelo teórico teniendo como premisa que las partículas elementales se hayan en su estado fundamental $(v = v_R)$ *supone el cálculo de su inverso como manifestación de una fuerza que al revertir otorga masa a la partícula*

$$\frac{1}{k} = \frac{\lambda}{2\pi} = \frac{1{,}79822964 \times 10^{-7}}{2\pi} = 0{,}0000286197 \times 10^{-3}$$

es decir,

$$\frac{0{,}0000143834}{0{,}0000286197 \times 10^{-3}} \times 10^{2} = 50256{,}99$$

Valor proporcional de energía-masa que aplicado a la cantidad de movimiento del fotón podría explicar el llamado "Momento magnético anómalo del electrón" considerando la premisa de que éste ultimo está compuesto de partículas elementales con movimiento rotacional intrínseco en el electrón

$$50256{,}99 \times p_f = 50256{,}99 \times 0{,}02307552376 \times 10^{-6} = 0{,}00115970636$$

Todo esto nos permite llegar a la siguiente conclusión sobre la conversión recíproca entre masa y fuerza

a) $\dfrac{\pi}{\lambda} \times 10^{-9} \rightarrow \textit{fuerza}$

b) $\dfrac{\lambda}{4\pi} \times 10^{3} \rightarrow \textit{masa}$

$$\frac{1}{4 \times masa} \times 10^{-6} = \frac{1}{4 \times 0{,}0000143834} \times 10^{-6} = 0{,}01738115 \qquad \left(\approx F_{Tf} \right)$$

El flujo dinámico intrínseco de la partícula elemental transforma la masa en fuerza y la fuerza en masa según sea su sentido.

Continuando con el desarrollo teórico, definimos la energía del Campo de Interacción Débil:

$$E_{CD} = 0,0000143834 \times C^2 \times 10^{-6} = 1292715,5$$

y si tenemos en cuenta la energía cinética mostrada desde el vacío derivada de la masa $\overrightarrow{(m_f)}$ del fotón:

$$\frac{1}{\overrightarrow{m_f}} \times 10^{-10} = \frac{1}{7,732557775 \times 10^{-17}} \times 10^{-10} = 1.293.233,144$$

Planteando la relación entre ambas magnitudes encontramos sentido al dinamismo:

$$\frac{1293233,144}{1292715,5} \approx 1,00040016$$

Con la determinación de la masa del campo de interacción débil y de nuevo desde la postura clásica de cálculo, la fuerza de esta interacción sería:

$$F_{CD} = m_{CD} \times a" = 0,0000143834 \times 2,245090797 \times 10^{14} = 3229203897$$

Igualmente la podemos determinar en relación a la energía del campo débil:

$$F_{CD} = E_{CD} \times 49,98^2 = \frac{E_{CD}}{C^2 \times G^2} = \frac{1292715,5}{0,00040032} = 3229203836$$

Magnitudes $(E_{CD})(F_{CD})$ que podemos comprobar a través de la carga negativa de interacción débil (q_{CD}^-) del electrón y la carga positiva de interacción débil derivada del protón (q_{CD}^+), mediante la formulación del campo eléctrico:

$$C_{FD} = \frac{q_{FD}}{4\pi \in_0 r^2}$$

Partimos del valor de la carga positiva y negativa que interactúa en el campo de interacción nuclear débil

Electrón $\Leftrightarrow$ $\boxed{q_e^- = \dfrac{0,0000143834}{C^2} = 1,600369082 \times 10^{-22}}$

Formulación de procedencia

$$\frac{\frac{2 \times 49,98}{\overrightarrow{E_f} \times 10^6}}{C^2} = \frac{2}{\overrightarrow{E_f} \times C^3 G \times 10^6} = \frac{2}{\overrightarrow{E_f} \times \lambda \times 10^{28}} = \frac{2v}{\overrightarrow{E_f} \times c} \times 10^{-28} = \frac{2}{\overrightarrow{E_f} \times \lambda} \times 10^{-28}$$

Protón $\Leftrightarrow$ $\boxed{q_P^+ = \dfrac{1293547 \times \dfrac{1}{1,004598}}{8,045807382 \times 10^{27}} = 1,600369524 \times 10^{-22}}$

Recordar que el denominador en la ecuación del protón es $E_{CN} - E_{CP} = 8,045807382 \times 10^{27}$ y el numerador, la diferencia entre masas del neutrón y protón al que le hemos aplicado el factor de ajuste.

Formulación de procedencia:

$$\frac{\left(M_N - M_p\right)\times \dfrac{1}{1,004598}}{\dfrac{1}{2}\left[\left(M_N - M_p\right)\left(\dfrac{m_f \times c^2}{49,98}\times 10^6\right)\right]C^2} = \frac{2}{\overrightarrow{E_f}\times C^3 G \times 10^6} = \frac{2}{\overrightarrow{E_f}\times \lambda \times 10^{28}} = \frac{2v}{\overrightarrow{E_f}\times c}\times 10^{-28}$$

También lo podemos plantear para el caso de un núcleo atómico formado por un protón:

Protón $\qquad \Leftrightarrow \qquad q_P^+ = \dfrac{\dfrac{M_P}{1,004598}}{E_{CP}} = \dfrac{\dfrac{938272013}{1,004598}}{5,836012198\times 10^{30}} = 1,600369486 \times 10^{-22}$

(Hidrógeno)

Volviendo a la formulación del *Campo de Interacción Débil* tenemos la comprobación de los valores de energía de campo tomando como radio $r = \dfrac{1}{C} = 49,98G$ y la *Fuerza de Interacción* considerando un radio $r = G$:

*

$$E_{CD} = \frac{q_e^- \times 10}{4\pi \in_0 r^2} = \frac{q_e^- \times 10}{4\pi \in_0 \dfrac{1}{c^2}} = \frac{q_e^- \times c^2 \times 10}{4\pi \in_0} = \frac{0,000143834}{1,112650055 \times 10^{-10}} = c^2 \times 10^{-6}\times 0,0000143834 =$$

$$= 1292715,5$$

Siendo $\qquad 4\pi \in_0 = \dfrac{1}{CG}\times f_\otimes \times 10^{-1} = \dfrac{1}{C^2}\times 10^7$

*

$$F_{CD} = \frac{q_e^- \times 10}{4\pi \in_0 r^2} = \frac{q_e^- \times 10}{4\pi \in_0 G^2} = \frac{1,600369082 \times 10^{-21}}{4,955924525 \times 10^{-31}} = 3229203903$$

Por su parte, la longitud de onda y frecuencia de radiación del *Campo de Fuerza de Interacción Débil* sería:

$$\lambda_{CD} = \frac{h \times c}{1292715,5} = 9,590988003 \times 10^{-13}$$

$$v_{CD} = 3,125772422 \times 10^{20}$$

Vamos a suponer que el electrón se desplaza en su orbital alrededor del núcleo según la relación $V = \frac{c}{2}$ (la mitad de la velocidad de la luz), mediante la ecuación de De Broglie:

$$\lambda_e = \frac{h}{m_e \times V} = \frac{h}{m_e \times \frac{c}{2}} \quad \Rightarrow \quad \lambda_e = \frac{2h}{m_e \times c}$$

En el Campo de Fuerza de Interacción Débil la atracción entre las cargas de signo opuesto del protón y del electrón se compensa por la conversión a energía cinética $\left(m_{CD} \times f_{\otimes}\right)$ proveniente del vacío cuántico; nos indica que el Campo de interacción Débil se compone de fotones en estado fundamental, al igual que explica por qué los electrones en su movimiento orbital no decaen hacia el núcleo del átomo:

$$\frac{m_{CD} \times f_{\otimes}}{1,00040016} = 2 \times q \times 10^6 \quad \Leftrightarrow \qquad Siendo \ A_s^{''} = 1,00040016$$

$$m_{CD} = \frac{2 \times 1,600369082 \times 10^{-22} \times 1,00040016}{2,22619058 \times 10^{-11}} \times 10^6 = 0,0000143834$$

Tal y como vimos en el capítulo sobre neutrones y protones la ecuación que establece la relación entre la energía y la masa del campo de interacción débil es:

$$\boxed{E_{CD} \times f_{\otimes} = \left(M_{CD} \times C\right) \times G \times 10^2}$$

desde la posición del electrón

$$\boxed{\frac{m_{CD} \times f_{\otimes}}{\frac{1}{2} CG \times 10^2} = 2 \times q \times 10^6}$$

lo que supone

$$f_{\otimes} = \frac{m_{CD} \times CG \times 10^2}{E_{CD}}$$

$$\rangle \quad \boxed{\frac{m_{CD}}{E_{CD}} = \frac{q}{m_{CD}} \times 10^6} \quad \Leftrightarrow \quad \boxed{\frac{C^2 G^2 \times 10^{10}}{f_{\otimes}^2} = \frac{E_{CD}}{q}}$$

$$f_{\otimes} = \frac{q \times CG \times 10^8}{m_{CD}}$$

y concluyendo

$$E_{CD} = m_{CD} \times c^2$$

$$\rangle \quad \boxed{E_{CD} = q \times c^4 \times 10^{-6}}$$

$$m_{CD} = q \times c^2$$

A PARTIR DEL CUANTO INTERACCIÓN DEL VACÍO $(\overline{h})$, EL CUANTO MÍNIMO DE ACCIÓN (h) Y LA MASA CON MOMENTO INTRÍNSECO DEL ELECTRÓN$(\overline{m_e})$ podemos comprobar el carácter cruzado (perpendicular) entre los valores de la longitud de onda y frecuencia. $((\overrightarrow{m_e} = m_e \times 1{,}004598)$

$$\overline{\lambda}_e = \frac{2\overline{h}}{\overrightarrow{m_e} \times c} \qquad \lambda_e = \frac{2h}{\overrightarrow{m_e} \times c}$$

Long.onda $5{,}57589845 \times 10^{-24}$ $5{,}3745561 \times 10^{-29}$

Frecuencia $5{,}37657671 \times 10^{31}$ $5{,}5779947 \times 10^{36}$

115

BOSONES W y Z:

El descubrimiento de los bosones W y Z fue uno de los mayores logros del CERN (Colisionador de hadrones). Desde nuestro modelo teórico cualquier partícula de rango superior a la elemental, ya sean bosones o fermiones, se componen de fotones. La masa observada empíricamente de estos bosones se puede deducir de forma aproximada:

BosonZ $\Leftrightarrow$ (con origen en el electrón)

$$\frac{F_{CD}}{\overrightarrow{m_f} - m_f} \times 10^{-17} = \frac{3229203903}{7,732557775 \times 10^{-17} - 7,697166205 \times 10^{-17}} \times 10^{-17} =$$

$$= 91,2421 \times 10^9$$

Este bosón solo actúa como partícula portadora de momento lineal. Cuando dos partículas se intercambian un bosón Z, una le está pasando momento a la otra.

BosonW $\Leftrightarrow$ (con origen en el núcleo del átomo considerando la conversión continua entre neutrones y protones)

$$\left(E_{CN} - E_{CP}\right) \times 10^{-17} = \left(5,844058005 \times 10^{30} - 5,836012198 \times 10^{30}\right) \times 10^{-17} = +80,45807194 \times 10^9$$
$$\left(E_{CP} - E_{CN}\right) \times 10^{-17} = \left(5,836012198 \times 10^{30} - 5,844058005 \times 10^{30}\right) \times 10^{-17} = -80,45807194 \times 10^9$$

o para el caso de núcleos atómicos formados por un protón, como es el caso del isótopo de hidrógeno, aunque no derive en forma de otras partículas,

$$M_P \times 2\overrightarrow{h} \times 10^{11} = 938272013 \times 2 \times 42,90598348 = 80,514966 \times 10^9$$

En nuestra opinión, el Modelo Estándar de partículas es la consecuencia lógica aplicada mediante la obtención de pistas que la experimentación nos ofrece sobre manifestaciones espontáneas y no estables en forma de partículas, con la consiguiente conclusión precipitada sobre la existencia de múltiples de ellas. No obstante, desde nuestro punto de vista, la física universal es más simple, elegante y armoniosa de lo que creemos.

ORBITALES DEL ÁTOMO

Un electrón ligado en el átomo posee una energía potencial inversamente proporcional a su distancia al núcleo y de signo negativo, lo que quiere decir que ésta aumenta con la distancia. La magnitud de esta energía es la cantidad necesaria para desligarlo, y la unidad usada habitualmente para expresarla es el electronvoltio (eV). En la mecánica cuántica solo hay un conjunto discreto de estados o niveles en los que un electrón ligado puede encontrarse. El nivel con el valor más bajo se denomina el estado fundamental, mientras que el resto se denominan estados excitados.

Cuando un electrón efectúa una transición entre dos estados distintos, absorbe o emite un fotón, cuya energía es precisamente la diferencia entre los dos niveles. La energía de un fotón es proporcional a su frecuencia, así que cada transición se corresponde con una banda estrecha del espectro electromagnético denominada línea espectral.

Esencialmente se conoce:

1.   Existen siete niveles de energía o capas donde pueden situarse los electrones, numerados del 1, el más interno, al 7, el más externo.
2.   A su vez, cada nivel tiene sus electrones repartidos en distintos subniveles, que pueden ser de cuatro tipos: s, p, d, f.
3.   En cada subnivel hay un número determinado de orbitales que pueden contener, como máximo, dos electrones cada uno. Así, hay 1 orbital tipo s, 3 orbitales p, 5 orbitales d y 7 del tipo f. De esta forma el número máximo de electrones que admite cada subnivel es: 2 en el s; 6 en el p (2

electrones x 3 orbitales); 10 en el d (2 electrones x 5 orbitales); 14 en el f (2 electrones x 7 orbitales)

Al respecto se suele tomar el ejemplo del átomo de hidrógeno;por su estructura atómica relativamente simple, consistente en un solo protón y un solo electrón para el isótopo más abundante (protio), el átomo de hidrógeno posee un espectro de absorción que pudo ser explicado cuantitativamente, configurándose como estructura atómica de referencia del modelo atómico de Bohr.

Una descripción más precisa del átomo de hidrógeno viene dada mediante un tratamiento puramente mecano - cuántico, que emplea la ecuación de onda de Schrödinger o la formulación equivalente de las integrales de camino de Feynman para calcular la densidad de probabilidad del electrón cerca del protón.

Aplicando el mismo supuesto en este modelo, y centrándonos en el nivel energético de las distintas capas en que puede orbitar el electrón del átomo de hidrógeno, podemos concluir que los diferentes niveles de energía son función de la masa-momento del fotón y el cuadrado de la Constante Gravitatoria. Por lo tanto, definimos el factor de base que motiva o provoca el salto de nivel energético que denominaremos (S_N):

$$S_N = \left[1 + \frac{\overrightarrow{m_f}}{G^2} \times 10^{-6} \right] = \left[1 + \frac{7,732557775 \times 10^{-17}}{\left(6,67395148 \times 10^{-11} \right)^2} \times 10^{-6} \right] = 1,0173602943$$

Observar que $\dfrac{\overline{m}_f}{G^2}$ constituye una fuerza (derivada de la Fuerza intrínseca del fotón) de radio igual a la Constante Gravitatoria, es decir, con intensidad igual a

$$a^{\,\cdot\cdot} = 2{,}245090797 \times 10^{14}$$

Para cada nivel de energía tenemos:

Nivel 5 $\Leftrightarrow$ $\quad \dfrac{1}{(0+0{,}5)} \times \dfrac{E_\otimes \times 10^4}{S_n} = \dfrac{2E_\otimes \times 10^4}{S_N} = \dfrac{2 \times 6{,}918066667}{1{,}01736} = 13{,}60003276$

Nivel 4 $\Leftrightarrow$ $\quad \dfrac{1}{(0{,}5+1{,}5)} \times \dfrac{E_\otimes \times 10^4}{S_n} = \dfrac{E_\otimes \times 10^4}{2 \times S_N} = \dfrac{6{,}918066667}{2 \times 1{,}01736} = 3{,}400008191$

Nivel 3 $\Leftrightarrow$ $\quad \dfrac{1}{(2+2{,}5)} \times \dfrac{E_\otimes \times 10^4}{S_n} = \dfrac{E_\otimes \times 10^4}{4{,}5 \times S_N} = \dfrac{6{,}918066667}{4{,}5 \times 1{,}01736} = 1{,}511114751$

Nivel 2 $\Leftrightarrow$ $\quad \dfrac{1}{(4{,}5+3{,}5)} \times \dfrac{E_\otimes \times 10^4}{S_n} = \dfrac{E_\otimes \times 10^4}{8 \times S_N} = \dfrac{6{,}918066667}{8 \times 1{,}01736} = 0{,}8500020477$

Nivel 1 $\Leftrightarrow$ $\quad \dfrac{1}{(8+4{,}5)} \times \dfrac{E_\otimes \times 10^4}{S_n} = \dfrac{E_\otimes \times 10^4}{12{,}5 \times S_N} = \dfrac{6{,}918066667}{12{,}5 \times 1{,}01736} = 0{,}5440013105$

ESQUEMA RESUMEN DE INTERACCIONES FUNDAMENTALES

El modelo teórico concluye y, a modo de resumen, establece la posición relativa de las diferentes fuerzas que dominan el Universo.

INTERACCIONES Y FUERZA ELATIVA		
FUERZA	NIVEL EXPONENCIAL	POSICION RELATIVA
Gravitacional	10^{-14}	1
Gravedad cuántica	10^{-5}	10^{9}
Intrínseca Fotón	10^{-2}	10^{12}
Débil	10^{9}	10^{24}
Fuerte	10^{23}	10^{38}

NEUTRINOS

Para situarnos vamos a repasar lo que se conoce en términos generales sobre esta interesante e intrigante partícula. Los neutrinos son partículas subatómicas de tipo fermiónico, sin carga y espín 1/2. Se caracterizan por ser estables y muy abundantes en el Universo. Desde hace unos años se sabe, en contra de lo que se pensaba, que estas partículas tienen masa, pero muy pequeña, y es muy difícil medirla. Esto supone que estas partículas viajan a velocidades muy cercanas a la de la luz.

Los neutrinos no se ven afectados por las fuerzas electromagnética o nuclear fuerte, pero sí por la fuerza nuclear débil y la gravitatoria.

Existen tres tipos de neutrinos asociados a cada una de las familias leptónicas o sabores: neutrino electrónico, neutrino muónico y neutrino tauónico, más sus respectivas antipartículas.

La masa del neutrino tiene importantes consecuencias en el modelo estándar de física de partículas, ya que implicaría la posibilidad de transformaciones entre los tres tipos de neutrinos existentes en un fenómeno conocido como oscilación de neutrinos, es decir, pueden pasar de una familia a otra, cambiar de "sabor".

La oscilación de los neutrinos implica directamente que éstos han de tener una masa no nula, ya que el paso de un sabor a otro sólo puede darse en partículas masivas. La teoría subyacente se basa en la idea de que las distintas especies de neutrinos son diferentes estados de la misma entidad física que denominamos neutrino.

Se trata de una de las partículas más interesantes por la información que puede ofrecernos sobre el funcionamiento del Universo. Los neutrinos a través de los fotones que lo componen "viven" literalmente en el umbral de energía que marca el direccionamiento entre el vacío y el espacio-tiempo conocido. Esta partícula en el transcurso de su "viaje" ve alterada su masa, dando saltos entre las tres familias existentes por ese motivo.

Partiendo de nuestras deducciones señaladas hasta este momento, tomando como premisa una sincronía dinámica (entrelazamiento) de los fotones que componen los neutrinos, y considerando como referencia universal el valor subcuántico de la Energía del vacío, es decir,

$$\frac{E_\otimes}{49,98} \times 10^{-1} = 0,00000138416$$

$$\frac{E_\otimes \times 10^4}{49,98} \times 10^{-1} = 0,0138416$$

Los valores relacionales entre las masas de los tres estados del neutrino quedarían definidos por la energía del vacío con el que interacciona de manera peculiar por encontrarse los neutrinos en el ciclo umbral bidimensional, a un lado y al otro. Estos son:

1) $\dfrac{m_n^e}{m_n^m} = \dfrac{E_\otimes}{49,98} \times 10^{-1} = \dfrac{6,918066667 \times 10^{-4}}{49,98} \times 10^{-1} = 0,013841 \times 10^{-4}$

2) $\dfrac{m_n^m}{m_n^l} = \dfrac{E_\otimes \times 10^4}{49,98} \times 10^{-1} = \dfrac{6,918066667}{49,98} \times 10^{-1} = 0,013841$

Vamos a definir la masa propia de cada una de las familias de neutrinos (neutrino electrónico, neutrino muónico y neutrino tauónico) mediante la relación del estatus de energía entre ellos con respecto a la cantidad de movimiento $p_\otimes$ por encontrarse en el estado másico umbral con el vacío.

A) El neutrino en el estado de menor masa (m_n^e), por hallarse a través de las partículas elementales que lo componen en el umbral de flujo con el vacío cuántico, manifiesta toda su energía en cantidad de movimiento ($p_\otimes$); es el momento en el que surge reversión del flujo de energía.

$$p_\otimes = m_n^e \times c^2 \times 10^{-28} \qquad \Rightarrow \qquad \frac{p_\otimes}{m_n^e} = c^2 \times 10^{-28}$$

Y sabemos que:

$$E_\otimes = p_\otimes \times c = m_\otimes \times c \times c \quad \Rightarrow \quad c = \frac{p_\otimes}{m_\otimes}$$

Por tanto, sustituyendo tenemos:

$$\frac{p_\otimes}{m_n^e} = c^2 \times 10^{-28} = \left(\frac{p_\otimes}{m_\otimes}\right)^2 \times 10^{-28}$$

$$\boxed{m_n^e = \frac{m_\otimes^2}{p_\otimes} \times 10^{28} = \frac{m_\otimes}{C} \times 10^{28}} \qquad m_n^e = 0,2567572$$

B) De igual forma podemos determinar la masa del neutrino en su estado muónico. Según hemos establecido:

$$\frac{m_n^e}{m_n^m} = \frac{E_\otimes}{49,98} \times 10^{-1} = \frac{6,918066667 \times 10^{-4}}{49,98} \times 10^{-1} = 0,013841 \times 10^{-4}$$

124

por lo que la relación con la cantidad de movimiento sería:

$$\frac{\dfrac{p_\otimes}{m_n^m}}{\dfrac{p_\otimes}{m_n^e}} = \frac{\dfrac{p_\otimes}{m_n^m}}{\left(\dfrac{p_\otimes}{m_\otimes}\right)^2 \times 10^{-28}} \quad \Rightarrow \quad m_n^m = \frac{m_\otimes^2}{p_\otimes^2} \times \frac{49,98}{C} \times 10^{29} \quad \Rightarrow$$

$$\boxed{m_n^m = \frac{m_\otimes^2}{p_\otimes^2} \times v \times 10^7 = \frac{1}{C^2} \times v \times 10^7} \qquad m_n^m = 185496$$

siendo $v = 1,6671533 \times 10^{15}$ *la frecuencia de interacción intrínseca del fotón.*

C) *Y para el neutrino en su estado tauónico:*

$$\frac{\dfrac{p_\otimes}{m_n^t}}{\dfrac{p_\otimes}{m_n^m}} = \frac{\dfrac{p_\otimes}{m_n^t}}{\dfrac{p_\otimes}{\dfrac{m_\otimes^2}{p_\otimes^2} \times v \times 10^7}} \quad \Rightarrow \quad m_n^t = \frac{m_\otimes^2 \times v \times 10^4}{p_\otimes^3} \times \frac{49,98}{C}$$

$$\boxed{m_n^t = \frac{m_\otimes^2}{p_\otimes^3} \times v^2 \times 10^{-18} = \frac{1}{m_\otimes \times C^3} \times v^2 \times 10^{-18}} \qquad m_n^t = 13401260$$

Por tanto, las respectivas energías intrínsecas de los neutrinos constituidos por fotones en su estado fundamental de reposo (equivalente a afirmar en el estatus energético umbral vacío) y asociadas a cada familia quedarían definidas así:

1) $$\boxed{E_n^e = m_n^e \times c^2 = \frac{m_\otimes}{c} \times 10^{28} \times c^2 = p_\otimes \times 10^{28}}$$

$$E_n^e = 0{,}02307618 \times 10^{18}$$

Como podemos observar, coincide con el valor de la energía-umbral con el vacío de las partículas elementales que forman parte del neutrino elevado exponencialmente

2) $$\boxed{E_n^m = m_n^m \times c^2 = \frac{v}{c^2} \times 10^7 \times c^2 = v \times 10^7}$$

$$E_n^m = 1{,}6671533 \times 10^{22}$$

El neutrino en este estado muestra toda su energía cinética intrínseca en valor equivalente a la frecuencia de interacción con el vacío en el interior de los fotones elevado exponencialmente. Por tanto, se corresponde al estado de las partículas elementales que los componen en el que la masa en reposo en el umbral con el vacío se transforma en energía cinética.

La magnitud relacional entre la energía del neutrino muónico y electrónico se encuentra en consonancia con la establecida para la masa de los neutrinos:

$$\frac{E_n^m}{E_n^e} = \frac{49{,}98}{E_\otimes} \times 10$$

3) $$\boxed{E_n^t = m_n^t \times c^2 = \frac{v^2}{m_\otimes \times c^3} \times 10^{-18} \times c^2 = \frac{v^2}{p_\otimes} \times 10^{-18}}$$

126

$$E_n^t = 1,204445504 \times 10^{24}$$

Y la relación entre el neutrino en estado muónico y tauónico es:

$$\frac{E_n^t}{E_n^m} = \frac{49,98}{E_\otimes \times 10^4} \times 10$$

De forma esquemática, el dinamismo natural de los neutrinos, cuyo fundamento se encuentra en equivalencia al propio de los fotones que lo componen, sería:

$$n.tau \Rightarrow n.mu \Rightarrow n.e \Rightarrow n.tau$$

El carácter variable en el espacio-tiempo de la energía del neutrino por las interacciones a las que se ve expuesto podría desvirtuar su proceso natural y alterar las fases. Hay que tener en cuenta que una alteración del nivel de energía observada de la partícula elemental situada en un estado superior al considerado máximo equilibrio (6,89479 que corresponde al cuanto mínimo de acción), cuando así acontece por razón del nivel energético en el neutrino, supondría a su vez una distorsión más pronunciada del espacio-tiempo en el interior de la partícula.

Dentro de la misma partícula, el neutrino sufre oscilaciones que suponen el paso de un estado post-umbral con el vacío, cuya consecuencia es la reversión de la energía en forma de masa (expansión de la partícula), a un estado cuántico de energía determinada por el nivel másico previo al umbral con el vacío de los fotones que lo componen, teniendo como paso intermedio la expresión de la energía en equivalencia a la frecuencia de interacción con el vacío de las partículas *elementales elevada exponencialmente (10^7). Estas tres etapas no se producen de forma independiente, sino que se manifiestan simultáneamente en mayor o menor medida traduciéndose en un status predominante, según la fase en que se encuentre, sobre los otros dos. Consideramos que el neutrino, en su interacción con otras partículas, adopta el estado necesario para lograr un equilibrio estable.*

Bajo la premisa de que las partículas elementales que componen el neutrino se hallan en el estado fundamental ($v = v_R$), vamos a calcular los valores cuantizados (H) de energía de cada una de las familias de neutrinos de forma independiente a resultas de una mejor comprensión, aun cuando en la realidad no se produce esta situación de forma aislada sino mezclada:

a) *Status energético electrónico con un nivel de masa umbral (mínimo) antes de provocar la reversión desde el vacío*

$$H_n^e = \left[\frac{E_n^e \times c}{49,98} \times 10^{-10} \right] \times 10^{-12} = 13,84166$$

b) *Status energético muónico caracterizado por un incremento exponencial de la frecuencia de radiación*

$$H_n^m = \left[\frac{E_n^m \times c}{49,98} \times 10^{-10} \right] \times 10^{-12} = 9999999,71 \approx 10^7$$

c) *Status energético tauónico en el que se produce la reversión desde el vacío cuántico en forma de masa*

$$H_n^t = \left[\frac{E_n^t \times c}{49,98} \times 10^{-10}\right] \times 10^{-12} = 722456338,9$$ *equivalente a la inversa del*

primer estado

$$\frac{1}{H_n^t} \times 10^{10} = 13,84166$$

Otras relaciones entre variables nos ofrecen información relevante:

1.- Relación entre la Constante de Planck y el valor cuantizado de energía del neutrino en estado electrónico:

$$\frac{h}{H_n^e} = 2,987839131 \times 10^{-16} \approx \left(C \times 10^{-6} - 1\right) \times 10^{-16}$$

2.- Relación entre la Constante de Planck y el valor cuantizado de energía del neutrino en estado muónico:

$$\frac{h}{H_n^m} \approx h \times 10^{-7}$$

3.- Relación entre la Constante de Planck y el valor cuantizado de energía del neutrino en estado tau:

$$\frac{H_n^t}{h} \approx \overrightarrow{F_f} \times 10^{-25}$$

4.- Relación entre el "cuanto de interacción del vacío" ($\overline{h}$) y el valor de energía cuantizada del neutrino electrónico:

$$\frac{\bar{h}}{H_n^e} \times 10^{-8} = 0,030997715 \times 10^{-17} \approx m_f \left[1 + \frac{C}{49.98} \times 10^{-9} \right] \times C^2 \times G^2 \times 10 \qquad que,$$

como veremos más adelante, supone en términos gravitatorios el valor de transferencia de energía-información entre partículas a través del vacío cuántico e influye directamente en la fuerza de atracción gravitatoria e indirectamente en la desviación de la trayectorias gravitatorias establecidas por la ley de Newton; lo que supondrá la necesidad de completar su formulación.

Continuando con la premisa no real de cálculo independiente y aislado a expensas de la obtención de una orientación de funcionamiento, las longitudes de onda y frecuencia de radiación (interacción entre fotones) de cada familia de neutrinos en el estado fundamental de la partícula respetan la frecuencia de interacción con el vacío que en su momento fijamos como constante para el fotón.

$$\boxed{E_N = H_n \times v_R}$$

para el caso en que $v_R = v$ *, la partícula se encontraría en su estado energético fundamental y se cumple por tanto:*

a)   *Neutrino-e*

$$\lambda_N^E = \frac{H_n^e \times c}{E_n^e} = \frac{13,8416 \times 299792458}{2,307618 \times 10^{16}} = 1,79822962 \times 10^{-7}$$

$$v_N^E = \frac{c}{\lambda_N^E} = 1,667153 \times 10^{15}$$

b)   *Neutrino-mu*

$$\lambda_N^M = \frac{H_n^m \times c}{E_n^m} = \frac{9999999,71 \times 299792458}{1,667153 \times 10^{22}} = 1,79822962 \times 10^{-7}$$

130

$$v_N^M = \frac{c}{\lambda_N^M} = 1,667153 \times 10^{15}$$

c)   Neutrino- tau

$$\lambda_N^T = \frac{H_n^t \times c}{E_n^t} = \frac{722456338,9 \times 299792458}{1,204445504 \times 10^{24}} = 1,79822962 \times 10^{-7}$$

$$v_N^T = \frac{c}{\lambda_N^T} = 1,667153 \times 10^{15}$$

En los tres estados del neutrino nos hallamos en concordancia con la ecuación de equilibrio universal, puesto que lo cumplen las partículas elementales que lo componen.

Visto bajo esta perspectiva, su dinamismo se traduce en la oscilación de masa del neutrino con una frecuencia de radiación dependiente de su energía. Para conocer cómo interactúa esta partícula con otras, en concreto, con el electrón a través de la Fuerza débil, utilizaremos el cuanto de interacción del vacío $(\bar{h})$ del fotón en relación a la energía del neutrino:

a)   Neutrino-e

$$\bar{\lambda}_N^E = \frac{\bar{h} \times c}{E_n^e} = \frac{4,90598348 \times 10^{-10} \times 299792458}{2,307618 \times 10^{16}} = \frac{0,1286289}{2,307618 \times 10^{16}} = 5,57409816 \times 10^{-18}$$

$$\bar{v}_N^E = \frac{c}{\bar{\lambda}_N^E} = 5,378313216 \times 10^{25}$$

b)   Neutrino-mu

$$\bar{\lambda}_N^M = \frac{\bar{h} \times c}{E_n^m} = \frac{4,290598348 \times 10^{-10} \times 299792458}{1,667153 \times 10^{22}} = 7,715482622 \times 10^{-24}$$

$$\bar{v}_N^M = \frac{c}{\bar{\lambda}_N^M} = 3,885595661 \times 10^{31}$$

c)   Neutrino-tau

$$\bar{\lambda}_N^T = \frac{\bar{h} \times c}{E_n^t} = \frac{4,290598348 \times 10^{-10} \times 299792458}{1,204445504 \times 10^{24}} = 1,067920973 \times 10^{-25}$$

$$\bar{v}_N^T = \frac{c}{\bar{\lambda}_N^T} = 2,80725321 \times 10^{33}$$

Al igual que comentamos al estudiar el electrón, para simplificar y nos sirva de referencia completa para orientar la interacción entre los neutrinos y los electrones, tengamos en cuenta el siguiente cuadro:

LONGITUDES DE ONDA Y FRECUENCIA DEL NEUTRINO

$(\bar{h})$: *cuanto de interacción con el vacío* $(4,290598348 \times 10^{-10})$
$(\bar{\lambda})(\bar{v})$: *longitud de onda y frecuencia de interacción con el vacío.*
Valor de energía del neutrino electrón en su estado fundamental:
$(2,307618 \times 10^{16})$

$$\bar{\lambda}_n^e = \frac{\bar{h} \times c}{E_n^e}$$

NEUTRINO-E

Longitud de onda $5,574098594 \times 10^{-18}$

Frecuencia $5,378312797 \times 10^{25}$

Si lo comparamos con los valores establecidos al ver la dinámica del electrón

$$\overline{\lambda}_e = \frac{2\overline{h}}{\overrightarrow{m_e} \times c}$$

Longitud de onda $\quad 5{,}57589845 \times 10^{-24}$

Frecuencia $\quad 5{,}37657671 \times 10^{31}$

podríamos pensar en la intervención de la Fuerza de interacción débil

$$\frac{\dfrac{2\overline{h}}{m_e \times 1{,}004598 \times c}}{\dfrac{\overline{h} \times c}{\overline{\overline{E}} \times 10^{18}}} = \frac{2\overline{\overline{E}} \times 10^{18}}{m_e \times 1{,}004598 \times c^2} \approx \left[\, 1 + F_{CD} \times 10^{-13} \,\right] \times 10^{-6}$$

$$\frac{5{,}57589845 \times 10^{-24}}{5{,}574098594 \times 10^{-18}} = 1{,}0003229 \times 10^{-6}$$

BOSÓN DE HIGGS

En la actualidad, prácticamente todos los fenómenos subatómicos conocidos se explican mediante el modelo estándar, una teoría ampliamente aceptada sobre las partículas elementales y las fuerzas entre ellas. Sin embargo, en la década de 1960, cuando dicho modelo aún se estaba desarrollando, se observaba una contradicción aparente entre dos fenómenos. La fuerza nuclear débil entre partículas subatómicas podía explicarse mediante leyes similares a las del electromagnetismo (en su versión cuántica). Dichas leyes implican que las partículas que actúen como intermediarias de la interacción, como el fotón en el caso del electromagnetismo y las partículas W y Z en el caso de la fuerza débil, deben ser no masivas. Sin embargo, sobre la base de los datos experimentales, los bosones W y Z, que entonces sólo eran una hipótesis, debían ser masivos.

En 1964, tres grupos de físicos publicaron de manera independiente una solución a este problema, que reconciliaba dichas leyes con la presencia de la masa. Esta solución, denominada posteriormente mecanismo de Higgs, explica la masa como el resultado de la interacción de las partículas con un campo que impregna el vacío, denominado campo de Higgs. En su versión más sencilla, este mecanismo implica que debe existir una nueva partícula asociada con las vibraciones de dicho campo: el bosón de Higgs.

El modelo estándar quedó finalmente constituido haciendo uso de este mecanismo. En particular, todas las partículas masivas que lo forman interaccionan con este campo, y reciben su masa de él.

En los últimos años, haciendo uso del Colisionador de Hadrones (HLC) del CERN, se afirma haber detectado la popularmente conocida "partícula de Dios": el Bosón de Higss. Particularmente nos parece una labor de gran mérito "adivinar" como funciona la física de partículas a partir de experimentos que utilizan como herramienta el choque de partículas (actualmente protones). No obstante, sacar conclusiones del resultado de un momento agresivo y no natural como es el choque entre partículas a velocidades extremadamente altas, ofrece pistas muy interesantes y orientativas, pero con altas probabilidades de que las teorías que subyacen podrían no ser completas. De hecho, la experimentación actual no nos permite observar el dinamismo natural y estabilizado de las partículas.

En cualquier caso, es un enorme éxito la localización de este bosón e incluso la alta precisión en los cálculos de valor de su masa.

El modelo teórico objeto de esta obra define este valor (M_{BH}), en base a la no consideración del Bosón como una partícula o un campo presente, tal y como se describe, que otorga masa a medida que es atravesado, sino como la inversa (reversión de energía desde el vacío) del producto de una fuerza (la fuerza intrínseca del fotón) sobre una cantidad de movimiento (lineal subcuántica de la partícula elemental):

$$M_{BH} = \frac{1}{F_f \times \dfrac{m_f \times c}{49,98}} = \frac{1}{0,017280837 \times 4,616951533 \times 10^{-10}} = 1,253371776 \times 10^{11}$$

$$\left(\approx \frac{\sqrt{2\pi}}{2} \times 1,00004598 \times 10^{11} \right)$$

Desarrollando la formulación:

$$M_{BH} = \frac{49,98}{m_f \times a'' \times m_f \times \dfrac{1}{49,98G}} = \frac{49,98^2 \times G}{m_f^2 \times \dfrac{1}{G^2} \times 10^{-6}} = \frac{49,98^2 \times G^3}{m_f^2} \times 10^6 = \frac{G}{m_f^2 \times c^2} \times 10^6$$

Tenemos la ecuación resultante de la masa del Bosón de Higgs

$$\boxed{M_{BH} = \frac{G}{\left(m_f \times c\right)^2} \times 10^6} \quad \Leftrightarrow \quad \boxed{M_{BH} = \frac{f_\otimes}{m_f^2 \times c} \times 10^{-2}}$$

y, por tanto, el porqué la masa en reposo del fotón es la que es

$$m_f = \sqrt{\frac{G}{M_{BH} \times C^2} \times 10^6} \quad \Leftrightarrow \quad m_f = \sqrt{\frac{f_\otimes}{M_{BH} \times C} \times 10^2}$$

Como ya hemos visto, la relación $\left(\dfrac{v_R}{v}\right)$ *determina el grado de curvatura espacio-temporal en el interior de las partículas y considerando que la ecuación de campo de Einstein establece la relación entre la presencia de materia y la curvatura debida a la misma, podemos afirmar que el factor proporcional (J) entre la masa de las partículas en reposo y la masa del Bosón de Higgs es:*

$$M_{BH} = J \times M_{PARTÍCULA} \qquad \textit{siendo} \quad J = \frac{v_R}{v}$$

v_R : *frecuencia de radiación o interacción de las partículas elementales que componen otras de mayor rango como neutrones, protones o electrones*

v : *frecuencia de interacción con el vacío cuántico* $(1,66715335 \times 10^{15})$ *que es constante*

es decir,

$$M_{BH} = \frac{v_R}{v} \times M_{PARTÍCULA}$$

A) *Electrón*

Frecuencia de radiación de las partículas elementales (fotones) que componen el electrón

$$v_R = \frac{M_{BH} \times v}{M_{electrón}} = \frac{1,253371776 \times 10^{11} \times 1,66715335 \times 10^{15}}{510998,928} = 4,089172874 \times 10^{20}$$

$$\left(\frac{M_{BH}}{M_{electrón}} \approx \frac{4}{3} \times 10^{2} \right)$$

Frecuencia de radiación del electrón

$$v_{electrón} = \frac{4}{3} v_R \left(1 + \overline{\overline{E}}\right)10^{16} = \frac{4}{3} \times 4,089172874 \times 10^{20} (1 + 0,02307618648) \times 10^{16} = 5,578047187 \times 10^{36}$$

(valor calculado previamente $5,5779947 \times 10^{36}$ *)*

137

B)   *Neutrones y Protones*

Frecuencia de radiación de las partículas elementales (fotones) que componen el neutrón

$$\nu_R = \frac{M_{BH} \times \nu}{M_{Neutron}} = \frac{1,253371776 \times 10^{11} \times 1,66715335 \times 10^{15}}{939565560} = 2,223967165 \times 10^{17}\, s^{-1}$$

Frecuencia de radiación de las partículas elementales (fotones) que componen el protón

$$\nu_R = \frac{M_{BH} \times \nu}{M_{Pr\,ot\acute{o}n}} = \frac{1,253371776 \times 10^{11} \times 1,66715335 \times 10^{15}}{938272013} = 2,227033234 \times 10^{17}\, s^{-1}$$

equivalente a afirmar que:

$$\boxed{\nu_R \approx f_\otimes \times 10^{28}}$$

Frecuencia de radiación del neutrón y del protón

$$\nu_N = FF \times \nu_R \times 1,00371431 \times 10^4 =$$
$$= 6,321166857 \times 10^{23} \times 2,223967165 \times 10^{17} \times 1,003718674 \times 10^4 = 1,41103449 \times 10^{45}$$
(valor calculado anteriormente $1,413107448 \times 10^{45}$ *)*

$$\nu_P = FF \times \nu_R \times 1,00371431 \times 10^4 =$$
$$= 6,321166857 \times 10^{23} \times 2,227033234 \times 10^{17} \times 1,003718674 \times 10^4 = 1,412979811 \times 10^{45}$$
(valor calculado anteriormente $1,411161952 \times 10^{45}$ *)*

siendo

$$1,003718674 = 1,003346 \times 1,000371431 = 1,003346 \times \frac{1,00040016}{1,0000287188}$$

$$\frac{E_f}{E_{OBSERVABLE}} = 1,003346$$

GRAVEDAD

La gravedad es otra de las cuatro interacciones fundamentales observadas en la naturaleza, la más misteriosa por lo que hasta el momento se conoce de ella. Origina los movimientos a gran escala que se observan en el universo, constituyendo la interacción dominante, porque domina la mayoría de los fenómenos a gran escala.
Isaac Newton fue el primero en exponer que se trata de una fuerza de la misma naturaleza la que provoca que los objetos caigan con aceleración constante en la Tierra (gravedad terrestre) y la que mantiene en movimiento los planetas y las estrellas. Esta idea le llevó a formular la primera teoría general de la gravitación, la universalidad del fenómeno, expuesta en su obra "Philosophiae Naturalis Principia Matemática".

La ley de la gravitación universal formulada por Isaac Newton y basada en su estudio de las leyes de Kepler, postula que la fuerza que ejerce un cuerpo puntual con masa sobre otro es directamente proporcional al producto de las masas, e inversamente proporcional al cuadrado de la distancia que las separa:

$$F = G \times \frac{m_1 \times m_2}{r^2}$$

Conociendo la posición de todos los planetas en un momento dado, podemos calcular estas perturbaciones con la ley de Newton, y comparar la trayectoria calculada con el movimiento observado. Esto indica que efectivamente, la ley de la gravitación formulada por Newton contempla correctamente la fuerza que vincula los planetas al Sol. Pero en el intento de lograr esta comparación cada vez más precisa, surgieron varios problemas. El más cercano estudiado por los físicos es la anomalía en el movimiento de Mercurio: su perihelio (el punto de su órbita más próximo del Sol) gira alrededor del Sol demasiado rápido con relación a los cálculos.

Hace cien años, cuando Einstein explicó esta anomalía, confirmó con ello su teoría de la gravedad, la Teoría de la Relatividad General. No obstante, la presencia detectada de otras anomalías de comportamiento de los cuerpos celestes, demuestran que no alcanzamos a conocer completamente la Fuerza Gravitatoria. El propio comportamiento dinámico rotatorio de las galaxias parecía indicar que existe mucha mayor concentración de masa de la observada en su interior. A esta concentración de la que no se conocía apenas nada, se la denominó Materia Oscura. Por el contrario, hace algunas décadas se hizo el intento teórico mediante la conocida como Dinámica Newtoniana Modificada o MOND. Esta teoría aporta una alternativa a la teoría de la materia oscura para explicar la razón por la cual las estrellas que orbitan alrededor del borde de la espiral de las galaxias no se pierden en el espacio.

La Primera ley de Newton nos dice que para que un cuerpo altere su movimiento es necesario que exista algo que provoque dicho cambio. Ese algo es lo que conocemos como fuerzas. Estas son el resultado de la acción de unos cuerpos sobre otros.

Más adelante veremos que la formulación de Newton debe ser completada para recoger los efectos de una "radiación gravitatoria no convencional y no ilimitada". Esta puede ser la causa de que en varias sondas lanzadas al espacio exterior sufrieran desviaciones de trayectoria prevista.

140

Por su parte, Einstein, en la teoría de la relatividad general, hace un análisis desde una perspectiva diferente de la interacción gravitatoria. De acuerdo con esta teoría, la gravedad puede entenderse como un efecto geométrico de la materia sobre el espacio-tiempo. Cuando cierta cantidad de materia ocupa una región del espacio-tiempo, provoca que éste se deforme. Visto así, la fuerza gravitatoria no es ya una "misteriosa fuerza que atrae", sino el efecto que produce la deformación del espacio-tiempo, de geometría no euclídea, sobre el movimiento de los cuerpos. Según esta teoría, dado que todos los objetos se mueven en el espacio-tiempo, al deformarse éste, la trayectoria de aquellos será desviada produciendo su aceleración.

Personalmente añadiría que la perspectiva relativista de la gravitación es causa y efecto al mismo tiempo, teniendo en cuenta, de forma paralela e inherente al mismo, la existencia de la fuerza que la define, por cuanto su origen se encuentra, al igual que todas las demás, en el vacío cuántico de las partículas, provocando interacciones sumamente débiles entre ellas en forma de radiación gravitatoria. Por ello, es realmente difícil de captar de forma experimental sus efectos, aunque, como ya subrayamos, de inconmensurables efectos potenciales acumulativos en el espacio y el tiempo.

Además la gravedad convencional, de acuerdo con la teoría de la relatividad, tiene generalmente características atractivas, mientras que deducciones empíricas señalan que la denominada energía oscura, o energía del vacío cuántico como la hemos denominado, parece tener características de fuerza gravitacional repulsiva, causando la acelerada expansión del universo.

La observación y la experimentación hasta la fecha nos ha permitido conocer determinados hechos:

- *Desviación gravitatoria de luz hacia el rojo en presencia de campos con intensa gravedad, lo que significa que la frecuencia de la luz decrece al pasar por zonas de elevada gravedad.*
- *Dilatación gravitatoria del tiempo, que provoca que los relojes situados en condiciones de gravedad elevada marcan el tiempo más lentamente que relojes situados en un entorno sin gravedad.*
- *Dilatación gravitatoria de desfases temporales. Diferentes señales atravesando un campo gravitatorio intenso necesitan mayor tiempo para hacerlo.*
- *Decaimiento orbital debido a la emisión de radiación gravitatoria.*

Hasta el momento no se ha dispuesto de una auténtica descripción cuántica de la gravedad. Todos los intentos por crear una teoría física que satisfaga simultáneamente los principios cuánticos y a grandes escalas coincida con la teoría de Einstein de la gravitación, han encontrado grandes dificultades.
Existen algunos enfoques, como la gravedad cuántica de bucles o la teoría de supercuerdas.

Stephen Hawking, usando uno de estos últimos enfoques, sugirió que un agujero negro debería emitir cierta cantidad de radiación, efecto que se llamó radiación de Hawking y que, desde lo postulado desde nuestro modelo teórico, podría tratarse de la resultante de la simetría no absoluta de la física de partículas.

La postura presentada considera que la radiación gravitatoria no es infinita, se va "disipando" mediante la cesión de energía (masa gravitatoria) a las partículas elementales afectas al radio de acción a través del vacío cuántico. La gravedad atractiva se presenta como una radiación de energía-masa gravitatoria de partícula a partícula a través del vacío cuántico. Se trata de un efecto muy débil desde el punto de vista cuántico, pero se deja notar por acumulación. En nuestra opinión, lo que se ha dado en llamar la materia oscura no es más que el estado predominante en la inmensidad del espacio de partículas elementales con nivel de masa inercial menor al propio establecido como umbral con el vacío cuántico que convierte la fuerza del vacío en repulsiva, al igual que ocurre con la fuerza gravitatoria con la que se muestra en paralelo. De esta manera, la fuerza repulsiva otorga masa gravitatoria a la partícula. Se podría decir que la tendencia universal se dirige hacia una cada vez mayor concentración de masa inercial en determinadas regiones del espacio, en correlación al aumento de concentración de masa gravitatoria en zonas complementarias.

En definitiva, la gravedad está fundamentada en interacciones subcuánticas mediante una radiación energética diferente a la convencional y se basa en oscilaciones de valor de masa gravitatoria de partículas en desplazamiento.

Comenzaremos centrándonos en este efecto que explica por qué los cuerpos en el espacio se ven afectados por ello y sufren modificaciones de la trayectoria prevista con la formulación actual. En concreto, es algo que se ha detectado en las Sondas Pioner lanzadas al espacio exterior o en el comportamiento de satélites artificiales en su paso orbital alrededor de la Tierra.

La formulación, en sintonía con el modelo presentado, que determina la "anomalía" por desaceleración o aceleración de los cuerpos por alejamiento o acercamiento a zonas de mayor concentración de energía en el espacio, sería:

$$\nabla\Delta g = \pm G \times \frac{m_f\left[1 + \dfrac{c}{49,98} \times 10^{-9}\right]C^2 \times G^2 \times 10}{\left(m_f \times C \times G \times 10^8\right)^2} = \pm G \times \frac{0,030998136 \times 10^{-18} \times 10}{\left(1,54004926 \times 10^{-10}\right)^2} = \pm 8,722669221 \times 10^{-10} \, m/s^2$$

Hay que tener en cuenta que se trata de una causa- efecto de nivel cuántico, por lo que la formulación que determina la intensidad de la fuerza gravitatoria de un cuerpo con masa (M_1) *sobre otro de masa* (M_2) *en trayectoria de alejamiento o acercamiento de la zona de influencia, sería:*

$$g = \frac{F}{M_1} = G \times \frac{M_2}{r^2} \pm G \times \frac{\left(1 + C^2 G \times 10^{-9}\right) \times 10}{m_f \times 10^{16}} = G\left[\frac{M_2}{r^2} \pm \frac{\left(1 + C^2 G \times 10^{-9}\right) \times 10^{-15}}{m_f}\right]$$

que muestra la dependencia relacional tanto de la masa del cuerpo en trayectoria de alejamiento-acercamiento como del nivel másico de las partículas elementales con las que interactúa por decaimiento de radiación gravitatoria de energía.

Igualmente podemos establecer la relación de la masa gravitatoria (m_G) *con el llamado "cuanto de acción del vacío cuántico"* $(\overline{h})$ *:*

$$\frac{49,98 \times \overline{h}}{E_f} \times 10^{-8} = \frac{49,98 \times 4,290598348 \times 10^{-10}}{6,917867994} \times 10^{-8} = 3,099858 \times 10^{-17}$$

$$\frac{49,98 \times \overline{h}}{E_{\otimes}} \times 10^{-8} \times 10^{-4} = \frac{49,98 \times 4,290598348 \times 10^{-10}}{6,918066667 \times 10^{-4}} \times 10^{-12} = 3,099769 \times 10^{-17}$$

Como ya hemos visto, la relación entre ambas magnitudes es el factor de ajuste (A_S *) y ambas se sitúan en torno al valor* *establecido* $\left(3,09981364 \times 10^{-19}\right)$. *Una vez más se observa que el dinamismo intrínseco de las partículas queda justificado en la continua búsqueda del equilibrio inalcanzable. Estas desviaciones observadas en un universo cuantizado provocan la tendencia del vacío cuántico a establecer en el centro de gravedad el punto óptimo de equilibrio de fuerzas.*

Detengámonos en la determinación diferencial entre la masa del fotón y la masa ampliada a una cantidad de movimiento de la partícula que fundamenta el cuanto de acción:

$$m_f \times \left[1 + \frac{c}{49,98} \times 10^{-9}\right] = 7,743335726 \times 10^{-17}$$ *y en la energía asociada*

$$7,743335726 \times 10^{-17} \times C^2 = 6,959363085$$, *cuya diferencia con la energía del fotón en reposo, como es lógico y ya vimos anteriormente, resulta:*

$$E_{Tf} - E_f = 6,959363085 - 6,917867994 = 0,04149509$$

$$\left(\approx \frac{E_f \times c}{49,98} \times 10^{-10} \times 10\right)$$ *(salto cuántico global)*

y en términos de masa:

$$m_{Tf} - m_f = 7,743335726 \times 10^{-17} - 7,697166207 \times 10^{-17} = 4,6169519 \times 10^{-19}$$

$$\left(\approx \frac{m_f \times c}{49,98} \times 10^{-10} \times 10\right)$$ *(cantidad de movimiento)*

Parece claro que la física de partículas no presenta un "encasillamiento conceptual" para cada término o componente de su formulación matemática. Teniéndolo en cuenta, vamos a corroborar que la partícula elemental incluye tanto una masa

145

inercial como otra gravitatoria, algo que quedó asentado a través del Principio de Equivalencia que afirma que un sistema inmerso en un campo gravitatorio es puntualmente indistinguible de un sistema de referencia no inercial o acelerado.

Desde el punto de vista de la gravitación universal es necesario conceptuar la energía global de la partícula elemental, no ya como la manifestación en forma de energía cinética, sino como una fuerza intrínseca gravitatoria del fotón (F_G). Esta deducción se basa en la consideración, conocida por todos, de la Fuerza como el producto de una masa por una aceleración:

$$F = m \times a$$

Y en el caso particular que nos ocupa, la Fuerza Gravitatoria Cuántica quedaría establecida:

$$F_G = 0,030998136 \times 10^{-17} \times 2,245090797 \times 10^{14} = 6,9593630 \times 10^{-5}$$

siendo (a'') la intensidad de atracción intrínseca de las partículas, como ya explicamos.

E implica que:

$$\boxed{F_G = E_{Tf} \times 10^{-5}}$$ *cuya relación con la energía del vacío $(E_\otimes)$ es:*

$$\frac{F_G}{E_\otimes} = \frac{6,959363082 \times 10^{-5}}{6,918066667 \times 10^{-4}} = 0,1005969358 \quad \text{equivalente a}$$

$$\left(\equiv \frac{1,005998248}{1,0000287188} \times 10^{-1} \right) \text{(proporción factores ajuste),}$$

y, en consecuencia, cuya relación con la energía de la partícula en reposo es:

146

$$\frac{F_G}{E_f} = \frac{6,959363082 \times 10^{-5}}{6,91786799} = 0,00001005998248$$

**Supondría que para un valor de masa en reposo de la partícula elemental, tal que*

$$0,2567572 \times 10^{-18} \leftarrow m_f \rightarrow 7,697166211 \times 10^{-17}$$

**la masa gravitatoria cuántica de atracción se encuadraría entre*

$$0,0103401622 \times 10^{-19} \leftarrow m_G \rightarrow 0,0309981364 \times 10^{-17}$$

**Y la Fuerza de la Gravedad cuántica de atracción se situaría entre*

$$0,02321460299 \times 10^{-5} \leftarrow F_G \rightarrow 6,959363082 \times 10^{-5}$$

Siendo a modo de resumen
*

$$m_G = m_f \times \left[1 + \frac{c}{49,98} \times 10^{-9} \right] \times C^2 \times G^2 \times 10 = 0,0309981364 \times 10^{-17}$$

$$m_G^L = m_f^L \times \left[1 + \frac{c}{49,98} \times 10^{-9} \right] \times C^2 \times G^2 \times 10 = 0,0103401622 \times 10^{-19}$$

*

$$E_{Tf} = m_f \times \left[1 + \frac{c}{49,98} \times 10^{-9} \right] \times C^2 = 6,959363082$$

$$E_{Tf}^L = m_f^L \times \left[1 + \frac{c}{49,98} \times 10^{-9} \right] \times C^2 = 0,02321460301$$

*

$$F_G = m_G \times a'' = 6{,}959363082 \times 10^{-5}$$

$$F_G^L = m_G^L \times a'' = 0{,}02321460301 \times 10^{-5}$$

cuya relación entre ellas es, como ya hemos comentado, $(299{,}7838506)$

Para cada punto del espacio-tiempo, la ecuación del campo de Einstein describe cómo el espacio-tiempo se curva por la materia y tiene la forma de una igualdad local entre un tensor de curvatura para el punto y un tensor que describe la distribución de materia alrededor del punto:

$$\boxed{G_{\mu\nu} = \frac{8\pi G}{C^4} \times T_{\mu\nu}}$$

donde:

$G_{\mu\nu}$ *es el tensor de curvatura de Einstein*

$T_{\mu\nu}$ *es el tensor momento-energía*

Esa ecuación se cumple para cada punto del espacio-tiempo.

Podemos comprobar que la teoría propuesta se encuentra en sintonía con lo postulado en la Teoría de la Relatividad General

$$\frac{8\pi G}{C^4} = \frac{m_{Tf}}{49,98} \times \frac{1}{E_\otimes \times c} \times v^2 \times A_\pi \times 10^{-50} = \frac{m_{Tf}}{m_\otimes} \times \frac{1}{C^6 G} \times A_\pi \times 10^{-6} =$$

$$= 0,01005969359 \times \frac{1}{C^6 G} \times A_\pi$$

$$\left(\equiv \frac{F_G}{E_\otimes} \times \frac{A_\pi}{C^6 G} \times 10^{-1} \right)$$, *siendo* $A_\pi = 1,000144159$ *el factor de*

corrección de π *(nuestro modelo geométrico es un poliedro esférico y no una esfera perfecta, como ya argumentamos)*

Por tanto,

$$\boxed{G_{\mu\nu} = 0,01005969359 \times \frac{A_\pi}{C^6 G} \times T_{\mu\nu}}$$

$$\boxed{\begin{array}{c} G_{\mu\nu} = \dfrac{E_{Tf} \times f_\otimes^3 \times A_\pi}{E_\otimes \times G^3 \times \lambda} \times 10^{-52} \times T_{\mu\nu} \\[3mm] G_{\mu\nu} = \dfrac{F_G \times f_\otimes^3 \times A_\pi}{E_\otimes \times G^3 \times \lambda} \times 10^{-47} \times T_{\mu\nu} \end{array}}$$

De todas estas formulaciones derivan diferentes expresiones de la ecuación de equilibrio universal

$$\boxed{E_{Tf} \times G \times 10^8 = F_G \times C \times f_\otimes \times 10^5}$$, *o también*

$$\boxed{E_{Tf} \times G \times 10^8 = m_G \times a'' \times C \times f_\otimes \times 10^5}$$

$$E_{Tf} \times G \times 10^8 = m_G \times \frac{1}{G} \times 10^7$$

$$E_{Tf} \times \dot{G} \times 10^8 = E_\otimes \times \frac{8\pi}{A_\pi} \times C^3 \times G^2 \times f_\otimes \times 10^6$$

$$E_{Tf} \times 10^8 = E_\otimes \times \frac{8\pi}{A_\pi} \times \lambda \times f_\otimes \times 10^{28}$$

Y con lo expuesto hasta el momento, podemos establecer otras expresiones de la formulación que determina la energía observable de cualquier partícula elemental K(E), sabiendo que

$$K(E) = \frac{E_f - \overline{\overline{E}}}{v} \times v_R$$

$$E_{Tf} = E_f \times \left(1 + C^2 G \times 10^{-9}\right)$$

Por tanto,

$$K(E) = \frac{\left(E_{Tf} - E_{Tf}^L\right)}{\left(1 + C^2 G \times 10^{-9}\right)} \times \frac{v_R}{v}$$

$$K(E) = \frac{\left(F_G - F_G^L\right) \times 10^5}{\left(1 + C^2 G \times 10^{-9}\right)} \times \frac{v_R}{v}$$

A raíz de ello, otra forma de determinar el cuanto mínimo de acción sería

$$h = \frac{\left(E_{Tf} - E_{Tf}^{L}\right)}{\left(1 + C^{2}G \times 10^{-9}\right) \times v}$$

Por otro lado tenemos la Fuerza Intrínseca del vacío de la partícula elemental que disminuye al igual que la masa inercial de la partícula en su dinamismo interno, cuyos valores son

$F_{f} = m_{f} \times a^{''} = 7,697166207 \times 10^{-17} \times 2,245090797 \times 10^{14} = 0,017280837$

(en estado fundamental de reposo)

$F_{Tf} = m_{Tf} \times a^{''} = 7,743335726 \times 10^{-17} \times 2,245090797 \times 10^{14} = 0,01738449178$

(Global en el estado fundamental de la partícula)

$F_{Tf}^{L} = m_{Tf}^{L} \times a^{''} = 2,582972934 \times 10^{-19} \times 2,245090797 \times 10^{14} = 0,00005799008$

(en el estado umbral-vacío)

Este último dato corresponde a la fuerza atractiva intrínseca en estado másico de umbral-vacío cuántico. A partir de esta situación, conforme a lo argumentado, se produce una reversión de energía desde el vacío. Debemos atender a dos situaciones diferentes en función del estado fundamental de la partícula:

a) Para la partícula elemental, cuyo estado fundamental en reposo es la propia al umbral-vacío cuántico, ($m_{f}^{L} = 0,2567572018 \times 10^{-18}$) en que se cumple

$$F_{RTf} \times F_{Tf}^{L} \cong 1$$

$$F_{RTf} = \frac{1}{F_{Tf}^L} = \frac{1}{0,00005799008} = 17244.32869$$

b) Para la partícula elemental en el estado fundamental (masa en reposo igual a $m_f = 7,697166207 \times 10^{-17}$) en que se cumple

$$F_{RTf} \times F_{Tf} = 299,783889$$

$$F_{RTf} \times F_{Rf} \times F_{Tf} \times 10^6 = \frac{1}{A_s \times 10^4} \qquad siendo \qquad F_{Rf} = \frac{1}{C}$$

El producto de las fuerzas que intervienen fundamentan el factor de simetría no absoluta (sobre la masa de la partícula) de la ecuación de equilibrio universal $A_s = 0,00010000287188$

$$F_{Tf} = \frac{1}{F_{Rf} \times F_{RTf} \times A_S \times 10^4} \times 10^{-6} = \frac{1}{\frac{1}{C} \times F_{RTf} \times A_S} \times 10^{-10} = \frac{C}{F_{RTf} \times A_S} \times 10^{-10}$$

$$= \frac{299792458}{17244,32869 \times 0,00010000287188} \times 10^{-10} = 0,01738449$$

siendo

F_{Tf} : Fuerza intrínseca de atracción concéntrica de la partícula en estado fundamental ($= 0,01738449178$)

F_{RTf} : Fuerza repulsiva o expansiva del vacío cuántico ($= 17244,32869$)

F_{Rf} : Fuerza repulsiva generadora de masa en reposo, determinada como la inversa de la velocidad de la luz ($\frac{1}{c}$)

Por la formulación que determina la masa del Bosón de Higss, que tiene como premisa el hecho de encontrarse en este segundo apartado (aptdo. b), sabemos

$$m_f = \sqrt{\frac{G}{M_{BH} \times C^2} \times 10^6}$$

y por la definición que hemos hecho de la fuerza repulsiva intrínseca que interviene en la generación de masa (F_{Rf}), como la inversa de la velocidad de la luz (c)

$$\boxed{m_f = F_{Rf} \times p_f}$$

siendo   ($p_f = 0{,}02307552377 \times 10^{-6}$) *el módulo del momento, podemos comprobar que ambas son concordantes*

$$\frac{G}{M_{BH} \times C^2} \times 10^6 = \frac{1}{C^2} \times p_f^2 \qquad \Rightarrow \qquad M_{BH} = \frac{G}{p_f^2} \times 10^6$$

La Fuerza repulsiva del vacío $\left(F_{RTf}\right)$ tiene un orden de magnitud 10^6 sobre el valor de la fuerza de atracción intrínseca. $\left(F_{Tf}\right)$

Hay que tener en cuenta igualmente que el salto subcuántico de la masa de la partícula en su dinamismo interior $\left(\dfrac{m_f}{49{,}98}\right)$ guarda relación directa con la Fuerza de la Gravedad cuántica, o dicho de otro modo, la masa global de la partícula en su estado fundamental es resultante del producto de la Fuerza de la gravedad cuántica y la Constante de la Fuerza del vacío en el conjunto de los saltos subcuánticos

$$F_G \times f_\otimes \times 10^{-3} = 1{,}549286854 \times 10^{-18}$$

$$\boxed{\frac{F_G \times f_\otimes \times 10^{-3}}{1{,}005998248} = \frac{m_f}{49{,}98}} \qquad \Leftrightarrow \qquad \boxed{49{,}98 \times F_G \times f_\otimes \times 10^{-3} = m_{Tf}}$$

$$\boxed{\frac{F_G}{C^2} \times 10^5 = m_{Tf}} \qquad \Leftrightarrow \qquad \boxed{F_G \times F_{Rf}^2 \times 10^5 = m_{Tf}}$$

Como ya hemos visto, la fuerza intrínseca de la partícula elemental, teniendo en cuenta toda la energía en su estado fundamental, es:

$$F_{Tf} = m_{Tf} \times a^{''} = 7{,}743335726 \times 10^{-17} \times 2{,}245090797 \times 10^{14} = 0{,}01738449178$$

Por tanto, la relación entre fuerzas queda definida:

$$\frac{F_G}{F_{Tf}} = \frac{6{,}959363084 \times 10^{-5}}{0{,}01738449178} = 0{,}0040032 \qquad \left(\equiv 10 \times C^2 \times G^2 \right)$$

Al igual que la relación entre masa inercial y gravitatoria:

$$\frac{m_G}{m_{Tf}} = 10 \times C^2 \times G^2 \qquad \Leftrightarrow \qquad \frac{0{,}0309981364 \times 10^{-17}}{7{,}743335726 \times 10^{-17}} = 0{,}0040032$$

En el flujo inverso, unida inevitablemente a la Fuerza repulsiva del vacío, se encuentra la Fuerza gravitacional $\left(F_{RG} \right)$ con tal carácter. Su determinación en los mismos términos se corresponde con

154

$$F_{RG} = \frac{1}{F_G^L} = \frac{1}{0,02321460301 \times 10^{-5}} \times 10^{-8} = 0,0430763343$$

cuya masa gravitatoria asociada (m_{RG}) podemos concretarla en base a la formulación tradicional

$$F_{RG} = m_{RG} \times a_R \times 10^{-8} \qquad \Leftrightarrow \qquad F_{RG} = \frac{1}{m_G^L} \times \frac{1}{a} \times 10^{-8}$$

$$F_{RG} = \frac{G^2}{m_G^L} \times 10^{-2}$$

siendo

$$m_{RG} = \frac{1}{m_G^L} \times 10^{-8} = \frac{1}{0,0103401622 \times 10^{-19}} \times 10^{-8} = 9,671028178 \times 10^{12}$$

y la intensidad de repulsión

$$a_R = G^2 \times 10^6 = 4,454162836 \times 10^{-15}$$

En concordancia con lo expuesto, la relación entre la Fuerza de la gravedad cuántica repulsiva y la fuerza del vacío de igual carácter es

$$F_{RTf} = F_{RG} \times \left(C^2 \times G^2\right) \times 10^8 \times 10 = 17244,318$$

$$F_{RTf} = m_{RTf} \times a_R = 3,871505968 \times 10^{18} \times 4,454162836 \times 10^{-15}$$

Hasta el momento los físicos teóricos y astrónomos, a la vista del comportamiento rotacional de las galaxias, se preguntan cuál es la naturaleza de la materia oscura, a priori formada por partículas de alta masa, y que presuponen debe coexistir en el interior y alrededores de las galaxias para explicar la velocidad uniforme de estrellas y planetas en su conjunto. Y si son partículas masivas, ¿cómo es posible que permanezcan invisibles a los indicios de la observación? A nuestro modo de ver, tal comportamiento astronómico referente a la velocidad de rotación de las galaxias sólo podría ser motivado por partículas muy masivas, o bien por una alta concentración de partículas de masa inercial inferior al umbral-vacío. Según hemos argumentado, ambas opciones se presentan al mismo tiempo en el modelo objeto de esta obra, es decir, partículas elementales con muy baja masa inercial (asociada a la energía cinética) y muy alta masa gravitatoria. Las partículas con nivel másico inercial inferior al umbral-vacío sufren fuerzas repulsivas o expansivas a la par que ven incrementado exponencialmente su masa gravitatoria.

Supongamos que en el interior y alrededores de las galaxias coexisten partículas con masa superior e inferior al umbral-vacío y, con ello, fuerzas atractivas y repulsivas. Estas últimas, por el proceso de reversión de energía y repulsión de fuerzas, provocan un estado inflacionario cuya masa gravitatoria sería creciente exponencialmente influenciada por una intensidad de repulsión mínima, lo que podría dar estabilidad al sistema rotatorio de las galaxias en términos de velocidad de las estrellas localizadas a mayor o menor distancia de los agujeros negros que las sostienen. En nuestra opinión, éstos últimos son gigantescas "fábricas" de partículas elementales con nivel másico inferior al umbral, a razón de que cerraría el círculo del ciclo expansivo espacial proporcionalmente al incremento acelerado de la concentración de energía-materia en determinadas "zonas" del universo. El fundamento dinámico de un agujero negro sería el mismo que el de las partículas elementales. Por efecto de la simetría no absoluta cuántica se ven abocados a "desprenderse" de energía y, ésta sólo puede escapar a la potente atracción en forma de partículas de masa inercial inferior al fijado como umbral, independientemente de las interacciones que sufran con otras partículas en su escapatoria. Veremos más adelante que partículas elementales con nivel másico inercial cercano previo al correspondiente al umbral vacío se ven sometidas a intensidades de atracción muy superiores hacia el centro de gravedad (en concreto 299,783 veces superior).

Podemos concluir que, en cualquier caso, se cumple que, para niveles inferiores de masa o energía al establecido como de umbral con el vacío cuántico, la gravitación se transforma en repulsiva.

Por lo tanto, desde la perspectiva gravitacional de atracción, la masa de la partícula elemental en estado base tiene el valor $\left(m_G = 0,030998136 \times 10^{-17}\right)$. Y todo parece indicar que el vacío cuántico tiende a provocar una confluencia de esta energía-masa en el centro de gravedad como punto de máximo equilibrio de fuerzas, y que explicaría el denominado decaimiento por radiación gravitatoria. A su vez, la masa gravitatoria en el umbral-vacío tiene el valor $\left(m_G = 0,0103401622 \times 10^{-19}\right)$. Para niveles inferiores, la Fuerza de la Gravedad cuántica se vuelve repulsiva. Sobre esta base, confluyen tanto fuerzas atractivas como repulsivas, conformando un equilibrio dinámico rotacional de galaxias sustentado en el propio a las masas gravitacionales.

De acuerdo con la Teoría de la Relatividad General, todo cuerpo con masa y acelerado emite ondas gravitacionales caracterizadas por perturbar curvando el espacio-tiempo desde el centro gravitatorio hacia el exterior (podemos visualizarlo como las ondas que genera en el agua el lanzamiento de una piedra). En este sentido, el modelo presentado es concordante con lo postulado; la partícula elemental, en su dinámica cíclica interna, experimenta una disminución de masa a favor del momento fruto de la interacción con el vacío cuántico, para, posteriormente, provocar reversión de energía y fuerzas desde el mismo, por lo que la consecuencia ha de ser una curvatura espacio-temporal fluctuante en su interior.

LEY GRAVITACIÓN DE NEWTON

Aun a riesgo de ser reiterativo, volviendo a la Ley de Newton sabemos que los cuerpos se atraen de forma directamente proporcional al producto de sus masas e inversamente proporcional al cuadrado de la distancia que los separa

$$F = G \times \frac{M_1 \times M_2}{r^2}$$

También es sabido, derivado de esta ecuación, que la aceleración con la que se atraen viene determinado por:

$$g = \frac{F}{M_1} = G \times \frac{M_2}{r^2}$$

que define muy bien la aceleración por atracción gravitatoria que ejerce un cuerpo sobre otro. Sin embargo, no considera el efecto que hemos señalado por resultar insignificante en el ámbito de cuerpos cercanos en el espacio. Al considerar cuerpos en el espacio exterior con una trayectoria previamente definida con la formulación actual y por efecto de la acumulación, es cuando se aprecian las desviaciones. Observamos tendencias, por tanto, y en base a esto, la Ley de Newton debería ser completada:

$$F = G \times \frac{M_1 \times M_2}{r^2} + \Delta g = G \times \frac{M_1 \times M_2}{r^2} + G \frac{E_{Tf} \times 10^{-5}}{a^{\cdot\cdot} \times \left(m_f \times C \times G \times 10^8\right)^2} =$$

$$= G \times \frac{M_1 \times M_2}{r^2} + \left[\frac{G}{\left(m_f \times c\right)^2} \times 10^6 \times E_{Tf} \times 10^{-21} \right]$$

$$F = G \times \frac{M_1 \times M_2}{r^2} + M_{BH} \times E_{Tf} \times 10^{-21}$$

o bien

$$F = G \times \frac{M_1 \times M_2}{r^2} + M_{BH} \times F_G \times 10^{-16}$$

siendo

F: Fuerza Gravitacional

M_{BH} : *Masa Boson Higgs*

F_G : *Fuerza Gravedad Cuántica*

E_{Tf} : *Energía global de la partícula elemental en estado básico*

Vamos a calcular la variación de aceleración para el nivel de masa de la partícula umbral con el vacío $(m_f^L = 0,2567572 \times 10^{-18})$ *para establecer la relación con el valor anteriormente establecido:*

$$\nabla \Delta g^L = \pm G \times \frac{m_f^L \left(1 + \frac{c}{49,98} \times 10^{-9}\right) C^2 G^2 \times 10}{\left(m_f^L \times G \times C \times 10^8\right)^2} = \pm 2,61491609 \times 10^{-7}$$

Cuanto menor sea el nivel másico inercial de las partículas elementales bajo interacción gravitatoria, mayor será la intensidad de atracción. Este valor $(2,61491609 \times 10^{-7})$ *constituye un límite antes de que las interacciones cuánticas conviertan la Fuerza en repulsiva.*

160

Un dato interesante es establecer la relación entre ambas variables puesto que fijaría el grado comparativo del decaimiento de energía en ambos estados fundamentales de la partícula o, dicho de otra manera, constituiría una de las magnitudes de referencia de la expansión del universo:

$$\frac{\nabla \Delta g^L}{\nabla \Delta g} = 299{,}7839335 \qquad \left(\approx C \times 10^{-6} \times A_s \times 10^4 \right) \quad \left(\approx \frac{G}{f_\otimes} \times 10^2 \times A_s \times 10^4 \right)$$

y cumple la siguiente igualdad en concordancia con la ecuación de equilibrio universal :

$$\nabla \Delta g^L \times f_\otimes = \nabla \Delta g \times G \times A_s \times 10^6$$

Este valor coincide con el valor relacional entre niveles másicos de la partícula elemental, así como de los saltos subcuánticos de la misma, lo que conlleva la idea de una física cuantizada en todas sus expresiones:

$$\frac{m_f}{m_f^L} = \frac{7{,}697166205 \times 10^{-17}}{0{,}25675715 \times 10^{-18}} = 299{,}7839335$$

Se puede intuir la tendencia del vacío a conservar el nivel másico gravitatorio de las partículas dentro de la zona de influencia gravitatoria en torno al punto de máximo equilibrio de concentración o mayor densidad de energía (centro de gravedad)
En nuestra opinión esta última magnitud (299,7839335), que se muestra predominante en la inmensidad del espacio, junto con el factor que determinante del ritmo de concentración de energía que manifiesta el universo, debería concretar cuáles son las características de la expansión acelerada. El grado de concentración de la energía en determinadas zonas

del espacio (también como proceso acelerado) tiene su correspondencia en el grado de expansión del Universo. Lo consideramos así teniendo en cuenta la existencia de la Constante Cosmológica (la energía del vacío o Energía Oscura). Un grado de expansión desigual en el espacio-tiempo, que muestra su auge en las zonas del espacio con menor densidad de energía.

La principal consecuencia de esta desaceleración por decaimiento energético o del aumento de velocidad observado sobre el previsto en satélites que orbitan cerca de nuestro planeta, a nivel de partículas, es que exista una distancia finita de influencia gravitatoria. Este radio de influencia la determinamos de la siguiente forma:

$$\boxed{\nabla g = g} \implies \boxed{G \times \frac{m_f\left(1 + \dfrac{c}{49,98} \times 10^{-9}\right)C^2 G^2 \times 10}{\left(m_f \times G \times C \times 10^8\right)^2} = G \times \frac{M}{r^2}}$$

siendo

$$G \times \frac{M}{r^2} = 8{,}722669221 \times 10^{-10}$$

Sirva de ejemplo:

1) Para el caso del Planeta Tierra, cuya masa es aproximadamente $5{,}97 \times 10^{24}$ el radio de influencia de la Fuerza de la Gravedad, sería:

$$6{,}67395148 \times 10^{-11} \times \frac{5{,}97 \times 10^{24}}{r^2} = 8{,}722669221 \times 10^{-10}$$

162

$r = 6{,}758557084 \times 10^{11}$ *metros*

2) En el caso de nuestro satélite natural, la Luna,

$r = 7{,}498613068 \times 10^{10}$ *metros*

3) El radio de influencia de la Gravedad del Sol en el universo sería concordante con el existente en nuestro sistema planetario,

$r = 3{,}901172278 \times 10^{14}$ *metros*

Por su parte, igualmente podríamos calcular cuál es el radio de influencia del llamado Horizonte de Sucesos de un sistema gravitacional,

$$\boxed{g = a'''}$$

A)
$$g = G \times \frac{M}{r^2}$$

B)
$$a''' = \frac{1}{G^2} \times 10^{-6} = \frac{49{,}98}{f_{\otimes}} \times 10^2$$

$$\frac{1}{G^2} \times 10^{-6} = G \times \frac{M}{r^2} \quad \Rightarrow \quad r^2 = G^3 \times M \times 10^6 \quad \Rightarrow \quad \boxed{r = \sqrt{G^3 \times M \times 10^6}}$$

Cumpliendo en todo caso que dos cuerpos físicos guardan la siguiente relación

$$\boxed{\left(\frac{r_A}{r_B} \right)^2 = \frac{M_A}{M_B}}$$

163

Así, podemos tomar como ejemplos:

1) Radio del Horizonte de Sucesos del planeta Tierra,

$r = 1,3321764$ metros

2) Radio del Horizonte de Sucesos de la Luna,

$r = 0,1478$ metros

3) Radio del Horizonte de Sucesos de nuestra estrella, el Sol,

$r = 768,958$ metros

Sin que sea incompatible con lo comentado hasta ahora, es que la intensidad de atracción en las diferentes manifestaciones de fuerza y en el ámbito de la física de partículas (Intrínseca del fotón, Débil, Fuerte..) queda definida así:

$$a'' = \frac{49,98}{f_{\otimes}} \times 10^2 = \frac{1}{G^2} \times 10^{-6}$$

$$\Rightarrow \boxed{a = a'''} \Longleftrightarrow \frac{F}{m} = \frac{49,98}{f_{\otimes}} \times 10^2 = \frac{1}{G^2} \times 10^{-6}$$

$$a = \frac{F}{m}$$

siendo su valor, como ya vimos, $a = a''' = 2,245090797 \times 10^{14}$

Por lo que se concreta en una magnitud muy elevada a consecuencia de la relación inversamente proporcional con la Constante de la Fuerza del vacío ($f_{\otimes}$) o con el cuadrado de la *Constante de Gravitación Universal (G), y podría explicar la paradoja entre el tamaño gravitacional y el tamaño cuántico observado experimentalmente.*

Como ya hemos comentado, A. Einstein en la Teoría de la Relatividad General, definía la Gravedad no como una Fuerza sino como el efecto de la curvatura del espacio-tiempo. No cabe duda que el grado de dinamismo de la energía en desigual densidad en el universo, tutelada por los cuantos de acción, fija en términos relativistas dicha curvatura. Pero, consideramos que, para que esto sea así, debe existir un marco de referencia o escala espacio-temporal única en el universo. Esta escala de referencia única queda determinada por el cuanto de acción del vacío $(\overline{h})$ como magnitud exclusiva y válida en todo momento y lugar. Está comprobado empíricamente que el tiempo transcurre más lento en zonas con mayor influencia gravitatoria, lo que se traduce en el corrimiento al rojo gravitacional en la frecuencia de un haz de luz. El grado de concentración de materia (energía) en el cosmos determina el nivel de los efectos de la radiación no convencional (a través del escenario bidimensional del vacío cuántico) que la fuerza gravitacional ejerce sobre las partículas, provocando un decaimiento de su energía-masa gravitatoria (m_{G}). El dinamismo intrínseco de las partículas está en correlación directa con la densidad de energía que les rodea, por tanto, la explicación dada por la Teoría de la Relatividad y el concepto de gravedad como una fuerza según lo argumentado, resultarían ser las dos caras de la misma moneda.

En este orden de las cosas, donde la concentración de la energía en determinadas zonas se produce a un ritmo acelerado al igual que la expansión espacio-temporal en las zonas de menor densidad, y considerando la existencia de la energía del vacío como la Constante Cosmológica, llegará el momento en que se produzca primero una desaceleración de la tendencia para dar paso, posteriormente, a una inflexión de la misma correspondiente a una presumible contracción del universo cada vez más acelerada. Opinamos que se producirá el primer paso cuando la fuerzas de carácter atractivo en zonas de influencia gravitatoria derivada de la concentración de energía supere a las de carácter expansivo o repulsivo y esto ocurrirá cuando la concentración de masa por encima de un nivel crítico compense y supere unas fuerzas de repulsión exponencialmente más elevadas. Creemos, en definitiva, que, al encontrarnos ante una física universal de simetría no absoluta que conlleva necesariamente la aparición de ciclos en todos los niveles, el Universo en el que nos hayamos es ni más ni menos que sólo un ciclo que desembocará en el Big Crunch y, por colapso inevitable por efecto de la simetría no absoluta de la física de partículas, al inicio de otro ciclo con un nuevo Big Bang. El único concepto infinito es la propia existencia de la energía y el dinamismo sujeto a ella.

Javier Morales Gómez

TEORÍA DEL EQUILIBRIO Y LA TENDENCIA UNIVERSAL

Todos los derechos reservados
Autor: Javier Morales Gómez
ISBN-13:
978-1542614269
ISBN-10:
1542614260

www.ingramcontent.com/pod-product-compliance
Lightning Source LLC
Chambersburg PA
CBHW040903180526
45159CB00010BA/2912